TABLETTES
DU DIRECTEUR D'USINE A GAZ

DU
COMPTEUR A GAZ
(Compteur Crosley)

POUR LE SERVICE DES ABONNÉS

DESCRIPTION — VÉRIFICATION — INSPECTION

PAR

Émile DURAND

Directeur du journal *Le Gaz*, Membre honoraire de l'association
des Directeurs d'Usines à Gaz d'Angleterre
Chevalier de l'ordre impérial du Medjidié

TROISIÈME ÉDITION, REVUE ET CORRIGÉE

Prix : 3 fr. 50 cent.

PARIS
AU BUREAU DU JOURNAL *LE GAZ*
66, faubourg Montmartre, 66

TABLETTES
DU DIRECTEUR D'USINE A GAZ

DU

COMPTEUR A GAZ

(Compteur Grosley)

POUR LE SERVICE DES ABONNÉS

DESCRIPTION — VÉRIFICATION — INSPECTION

PAR

Emile DURAND

Directeur du journal *Le Gaz*, Membre honoraire de l'association
des Directeurs d'Usines à Gaz d'Angleterre
Chev. de l'Ord. imp. du Medjidié

Ouvrage conforme aux instructions que les agents de la Compagnie Parisienne
reçoivent et suivent dans l'exécution de leur service

TROISIÈME ÉDITION, REVUE ET CORRIGÉE

Prix : **3 fr. 50**

PARIS
AU BUREAU DU JOURNAL *LE GAZ*
66, faubourg Montmartre, 66

Chap. VII. — **Vérification et poinçonnage des compteurs.**

Chap. X. — **Irrégularités dans le fonctionnement du compteur.**

Plaintes de l'abonné. — Manque de gaz. — Compteur neuf, soupape collée. — Abaissement du niveau d'eau. — Recherches de l'agent à ce sujet. — Régulateur percé, manière de reconnaître ce fait. — Arrêt du compteur par la gelée. — Manière de le dégeler. — Isolement du compteur. — Éclairage provisoire. — Précautions à prendre contre la gelée. — Garniture du compteur. — Mélange de substances résistant au froid. — Eau salée. — Alcool; ses inconvénients. — Glycérine, conditions de son emploi. — Quantité de glycérine suivant le calibre des compteurs. — Siphon noyé. — Siphon endommagé par la gelée. — Irrégularités dans l'éclairage. — Tige de la soupape trop courte; flotteur alourdi. — Moyens de reconnaître l'excès de sensibilité de la soupape. — Engorgement partiel du siphon. — Insuffisance du calibre du compteur. — Nombre excessif de becs à alimenter. — Conditions particulières nécessitant un compteur d'un plus fort calibre. — Volant alourdi et encrassé. — Intermittences dans la flamme.

Chap. XI. — **Cas où le gaz n'est plus mesuré par le compteur.**

Compteur vieux, hors de service. — Fabrication

AVANT-PROPOS

Un des instruments le plus en usage dans l'industrie du gaz, et pourtant le plus inconnu de
tous, c'est sans contredit le Compteur. Directeurs
d'usines à gaz, inspecteurs spécialement chargés de
relever les indications des compteurs, d'en vérifier
l'état, de les entretenir, possèdent bien sans doute
quelques notions sommaires sur le fonctionnement
de cet instrument si universellement utile ; mais il
en est fort peu qui connaissent dans tous leur détails les divers éléments qui le composent.

On sait généralement quels sont les principaux
organes du compteur, on peut dire *grosso modo*
quelles fonctions ils remplissent dans l'ensemble de
l'instrument, parce que ces divers organes sont

souvent de la part de consommateurs peu scrupuleux, l'objet de tentatives frauduleuses et que l'on a intérêt à se rendre compte de la manière dont les fraudes peuvent être pratiquées ; mais qu'une irrégularité vienne à se produire dans la marche du compteur, il est peu de personnes qui puissent, à la seule manifestation des phénomènes, se rendre un compte exact de leur cause.

De là, de fréquentes erreurs, des doutes sur la bonne fabrication de tel ou tel appareil, qu'une connaissance parfaite de son organisation intérieure suffirait à dissiper.

Ce serait donc faire une œuvre utile, que de réunir en une brochure rédigée avec le plus de clarté possible, toutes les notions, tous les éléments, toutes les données d'une expérience pratique, nécessaires pour bien faire comprendre l'agencement intérieur du compteur, son mode de fonctionnement, les diverses causes qui peuvent altérer la régularité de sa marche. C'est le travail que nous entreprenons aujourd'hui, travail que nous compléterons par tous les renseignements de nature à faciliter la vérification et l'entretien des compteurs, de façon à ce qu'il n'y ait pas, dans le personnel spécial des usines à gaz, un employé qui, après avoir lu et étudié notre brochure, ne puisse se rendre un compte parfait de l'état des compteurs dont il est chargé de surveiller la marche.

E. D.

DU

COMPTEUR A GAZ

EN SERVICE CHEZ LES ABONNÉS

I

Qu'est-ce que le Compteur à Gaz?

1. — Le gaz d'éclairage est une marchandise. On le vend et on l'achète comme toute autre marchandise, sous des conditions spéciales relatives à la qualité et aux quantités livrées.

Dans notre ouvrage intitulé : *Contrôle de la qualité du gaz,* nous avons décrit les procédés employés pour reconnaître la *qualité,* c'est-à-dire le pouvoir éclairant du gaz; aujourd'hui nous allons nous occuper de l'appareil imaginé pour constater les quantités de gaz livrées; le contrôle sera ainsi complet.

2. — Le gaz étant un fluide, ne peut être mesuré que d'après son volume; c'est donc une mesure de capacité que l'on a dû songer à employer en cette circonstance, et comme, d'après le système métrique, la mesure légale de capacité a pour type le litre, c'est du litre dont on s'est servi.

3. — Seulement comme le litre de gaz est infiniment peu de chose, et que compter par litre eût été embrouiller les comptes d'une série de fractions infiniment petites de centimes, vu le bas prix du gaz, tout en conservant le litre comme *type* de la mesure, on a dû choisir une *unité* supérieure au litre afin de ne pas surcharger les transactions de chiffres inutiles manquant de signes représentatifs dans la monnaie usuelle.

4. — L'unité choisie est égale à *mille litres*; son nom, d'après le système métrique, eût dû être légalement le *kilolitre*, mais comme c'est un terme inusité, on lui a substitué son équivalent le *mètre cube*; en effet le litre étant un décimètre cube est contenu mille fois dans un mètre cube.

L'unité usuelle pour le mesurage du gaz comme pour les transaction dont il est l'objet, est donc le *mètre cube*.

5. — Mais ce n'était pas tout que de trouver le type de la mesure à employer, il fallait inventer, combiner, construire un instrument capable d'opérer le mesurage d'un fluide aussi impalpable que le gaz, corps aériforme, invisible, incolore et qui se répand avec la plus grande facilité dans l'atmosphère parce qu'il est plus léger que l'air.

Il ne fallait donc pas songer à en opérer le mesurage à découvert; il fallait imaginer un appareil qui pût indiquer avec exactitude les quantités de gaz qui le traverseraient.

Nous ne raconterons pas ici à nos lecteurs comment le compteur fut inventé vers 1815 par l'ingénieur Samuel Clegg, et perfectionné plus tard par Crosley.

Nous laisserons de côté toute la partie historique de l'invention pour ne nous occuper absolument que de la description et du fonctionnement de l'instrument tel qu'il est aujourd'hui en usage.

Un historique complet de la formation et des progrès du compteur demanderait à lui seul un volume qui renfermerait des détails, fort intéressants sans doute, mais qui seraient en dehors du cadre que nous nous sommes tracé, notre but actuel étant d'écrire un ouvrage essentiellement pratique.

Nous renvoyons donc ceux de nos lecteurs qui voudraient avoir un aperçu succinct de cet historique, aux ouvrages de d'Hurcourt, de Magnier, et aux dernières éditions des *Traités de l'éclairage au gaz* par Clegg et par Schilling, qui sont ceux qui entrent, à ce sujet, dans les plus intéressants détails.

Nous prenons donc le compteur tel qu'il est actuellement en usage.

6. — Cet instrument résout le problème du mesurage exact du gaz, au moyen d'un tambour creux, divisé en plusieurs compartiments, plongé dans l'eau jusqu'à une certaine hauteur, recevant du gaz lui-même la force d'impulsion nécessaire pour qu'il opère dans l'eau un mouvement continu de rotation sur son axe, afin que chaque compartiment se remplisse de gaz et se vide tour à tour, les quantités ainsi mesurées par la partie du tambour qui est hors de l'eau se trouvant enregistrées par un mécanisme d'horlogerie qui reçoit son mouvement de l'axe même du tambour.

Pour rendre intelligible cette description succincte et pour bien faire comprendre comment un instrument construit sur ces données opère avec exactitude, nous croyons n'avoir rien de mieux à faire que de prendre un compteur, comme si nous le connaissions, de l'installer et de le faire fonctionner, en étudiant chacun de ses organes l'un après l'autre, au fur et à mesure qu'il entrera en jeu.

7. — L'instrument auquel on a donné le nom de *compteur* puisqu'il est destiné à *compter* les quantités de gaz que chaque abonné consomme, se compose d'organes apparents et d'organes cachés, tous concourant comme nous allons le voir, au même but.

Les organes apparents sont :

1° La caisse du compteur, A (planche 1), enveloppe cylindrique en tôle plombée pour les compteurs de 3 à 150 becs, et en fonte de fer pour ceux d'un plus fort calibre;

2° L'avant-corps, B, boîte rectangulaire faisant partie de l'enveloppe générale de l'instrument, et construite en même métal que la caisse A;

3° La boîte C, munie d'une porte qui se ferme au moyen d'un mentonnet; cette boîte est placée au-dessus de l'avant-corps B, et contient le mouvement d'horlogerie et les cadrans;

4° La vis d'introduction de l'eau, D, placée sur l'avant-corps à droite;

5° La vis de trop-plein du régulateur, E, placée sur le côté droit de l'avant-corps;

6° La vis de vidange du siphon F, placée au-dessous de l'avant-corps;

7° Le tuyau d'arrivée du gaz, G, placé à gauche du compteur contre la partie supérieure de l'avant-corps ;

8° Le tuyau de sortie du gaz, H, placée à la partie supérieure de la caisse A ;

9° Les supports I I, qui servent de base au compteur, et que l'on nomme les PIEDS.

8. — Les organes cachés sont situés à l'intérieur du compteur ; ce sont : (planche 2).

1° Le tube d'introduction de l'eau, J ;

2° Le flotteur K et la soupape L, renfermée dans un petit compartiment séparé que l'on appelle chambre ou boîte de la soupape ;

3° Le régulateur M ;

4° Le siphon N ;

5° Le tambour ou volant O ;

6° Le cliquet P, qui empêche le volant de revenir en arrière ;

7° L'axe ou arbre du volant, Q, terminé par une vis sans fin ;

8° L'arbre vertical R, qui communique de l'axe du volant au mouvement d'horlogerie ;

9° Enfin le mouvement d'horlogerie S, composé de diverses pièces dont nous donnerons le détail au chapitre suivant.

Ce premier signalement du compteur étant

donné, procédons à l'installation de l'appareil comme si nous le connaissions à fond, et que de gens en installent tous les jours qui n'en savent pas davantage !.....

II

Installation du Compteur.

9. — Nous avons dit que le gaz se mesure comme toute autre marchandise, et que le compteur est l'instrument qui sert à en opérer le mesurage ; toutefois la similitude entre l'industrie de l'éclairage au gaz et les autres industries ne va guère plus loin.

Ordinairement, le vendeur mesure sa marchandise dans son propre magasin en présence de l'acquéreur aux risques duquel elle voyage ensuite. Ici c'est autre chose, la marchandise commence par voyager aux frais du producteur qui seul supporte tous les déchets de route ; puis elle est mesurée, en son absence, au domicile du consommateur entre les mains duquel reste déposé l'instrument de mesurage.

10. — On comprend qu'en présence d'une position exceptionnelle si défavorable pour le producteur, et qui le met ainsi en quelque sorte à la merci du consommateur, on ait songé à entourer l'installation de l'instrument de mesurage de toutes les garanties nécessaires à en assurer le fonctionnement dans toutes les conditions d'exactitude et d'équité désirables.

Aussi l'autorité, appréciant comme il convient de le faire, la situation respective des deux parties, producteur et consommateur, n'a-t-elle jamais hésité à prescrire les mesures nécessaires à ce sujet tout en sauvegardant aussi les intérêts des abonnés.

11. — Ainsi dès 1846 (1) elle exige que le système des compteurs soit approuvé par l'administration; que les compteurs fabriqués suivant les systèmes approuvés soient vérifiés quant à leur exactitude et à la régularité de leur marche, et poinçonnés avant d'être mis en service, et cela sans préjudice des vérifications que les abonnés ou les compagnies voudraient faire effectuer par les

(1) Ordonnance du Préfct de Police du 26 décembre 1846.

voies de droit; enfin elle interdit aux compagnies de faire exclusivement choix d'un système de compteurs dont la fabrication ne serait pas dans le domaine public.

Plus tard, dans son ordonnance du 18 février 1862, M. le Préfet de la Seine soumet le mécanisme d'horlogerie des compteurs à un poinçonnage spécial ayant pour but de faire reconnaître l'exactitude de sa construction et le soudage des aiguilles sur leur axe.

Il prescrit encore que les compteurs soient établis dans des lieux d'accès facile, parfaitement aérés, et fixés par des vis ou écrous sur des plates-formes horizontales; qu'ils portent un robinet de sûreté sur le tuyau d'arrivée du gaz, et qu'un autre robinet soit placé sur le tuyau de sortie afin de pouvoir isoler le compteur sans nouvel ajutage.

Et ces prescriptions ont été corroborées par celles du nouvel arrêté du Préfet de la Seine du 2 avril 1868.

Enfin un arrêté, tout spécial à la construction et à la vérification des compteurs, a encore été pris par la même autorité le 26 avril 1866; cet arrêté trouvera sa place toute naturelle au chapitre relatif à la vérification et au poinçonnage des compteurs.

12. — C'est en s'appuyant des prescriptions des

divers arrêtés précités que la Compagnie parisienne d'éclairage et de chauffage par le gaz a pu insérer dans les polices d'abonnement qu'elle fait signer aux consommateurs les conditions suivantes relatives à l'emploi des compteurs :

« L'abonné fera établir chez lui, et à ses frais, un » compteur de son choix, et de l'un des systèmes ap-
» prouvés par l'administration.

» La pose et le plombage du compteur seront faits par » la Compagnie, de même que la fourniture et le scelle-
» ment de la plate-forme aux prix suivants, savoir :

Pour un Compteur
$\begin{cases} \text{de} \quad 3 \text{ à } \ 30 \text{ becs.} \quad . \quad 7 \text{ fr. } 50 \\ \text{de} \ \ 50 \text{ à } \ 80. \ . \ . \ . \ \ 11 \ \text{»} \ \ 50 \\ \text{de } 100 \text{ à } 150. \ . \ . \ . \ \ 17 \ \text{»} \ \ — \\ \text{au-dessus.} \ . \ . \ . \ . \ \ 26 \ \text{»} \ \ — \end{cases}$

« Le compteur sera proportionné à la consommation » maxima de gaz de l'abonné, tant pour l'éclairage que » pour le chauffage et tous autres usages.

» A l'entrée du compteur, il sera placé un robinet de » sûreté, et à la sortie un robinet à trois eaux, afin de » permettre l'essai de la canalisation intérieure avant » l'autorisation d'en faire usage.

» Il sera soumis, quant à son exactitude et à la régula-
» rité de sa marche, à toutes les vérifications que l'Ad-
» ministration jugera utile de prescrire, sans préjudice de » celles que l'abonné ou la Compagnie voudraient faire » effectuer per les voies de droit. Il ne pourra être mis » en service qu'après avoir été vérifié et poinçonné par » l'Administration.

» Le mécanisme des aiguilles, avant d'être employé,

» aura dû être également soumis à un poinçonnage spé-
» cial pour constater l'exactitude de sa construction et le
» soudage des aiguilles sur leur axe.

. . . .

» Le compteur sera posé et maintenu par des vis ou
» scellements, sur une plate-forme fixe parfaitement hori-
» zontale; ses raccords, sur les tuyaux d'arrivée et de sor-
» tie du gaz, seront plombés avec l'empreinte du cachet
» de la Compagnie. Toute rupture des scellements et des
» cachets, par le fait de l'abonné ou de ses agents, pourra
» donner lieu à une action en dommages-intérêts et à
» toutes poursuites de droit.
» Il est formellement interdit à l'abonné d'apporter au-
» cune modification ou détérioration dans les organes du
» compteur et de ses accessoires, et dans sa position sans
» le concours d'un agent de la Compagnie.
» L'abonné devra laisser un libre accès aux agents de
» la Compagnie dans l'endroit où sera posé le compteur.
» Tout refus à cet égard sera poursuivi par les voies de
» droit. L'emplacement du compteur devra être d'un fa-
» cile accès et choisi de manière que le chiffre des con-
» sommations puisse être exactement relevé.

Ces prescriptions sont universellement adoptées
par toutes les compagnies de gaz.

12. — Le premier soin à prendre dans l'installation des compteurs est donc de choisir un emplacement convenable.

Autant que possible, il faut placer le compteur
aussi près que l'on pourra du robinet d'ordonnance

posé par la compagnie sur le branchement extérieur.

On doit se garder de l'élever près du plafond;
comme c'est toujours la région la plus chaude
d'un local habité, la vaporisation de l'eau s'effec-
tue sous l'influence de la chaleur, et l'eau perd
promptement son niveau normal dont nous ap-
prendrons bientôt à connaître toute l'importance.

14. — A notre avis, l'endroit le plus propice à
la pose d'un compteur serait un placard bien aéré
à hauteur d'homme, et fermé au moyen d'un ver-
rou ou d'un loquet, et non par une serrure à clef,
car il ne faut pas perdre de vue que l'abonné doit
laisser le libre accès du compteur à la compagnie;
or, une serrure peut être fermée, la clef égarée,
volontairement ou non, et alors l'abonné donne
prise aux soupçons, ou, tout au moins, il court
risque de se voir intenter une action par la compagnie pour violation des conditions de la police
par lui souscrite; action qui aboutit généralement
à une condamnation à l'amende. (Voir à ce sujet
notre Recueil de Jurisprudence, pages 118 et suivantes.)

Habituellement dans les magasins et les bouti-
ques, les compteurs sont placés dans les espaces
laissés vides au-dessous des *montres* ou étalages;
cette position rend fort incommodes à pratiquer

la surveillance, le relevé des aiguilles et le nivellement du compteur.

15. — Une fois l'emplacement choisi, on y établit une plate-forme d'une grandeur proportionnée à celle du compteur, et en bois dur, en chêne par exemple, de 0^m 04 au moins d'épaisseur.

Cette plate-forme sera fixée par des scellements de fer de manière qu'elle soit parfaitement horizontale, ce dont il sera facile de s'assurer au moyen d'un niveau à bulle d'air présenté dans tous les sens sur la surface de la plate-forme.

Si le compteur ne doit pas être placé sur le plancher, mais élevé à une certaine hauteur, la plate-forme devra reposer sur de forts supports en fer et y être fixée toujours dans une position parfaitement horizontale.

La plate-forme installée, on place le compteur dessus, et on l'y fixe au moyen de vis en fer passées dans les trous des deux pattes de fer que portent à droite et à gauche les pieds du compteur.

16. — Le compteur ainsi posé, on place sur le tuyau d'arrivée, le robinet de sûreté qui a été préalablement soudé au branchement de plomb qui vient du robinet extérieur, et sur le tuyau de sortie le second robinet qui sert généralement à l'abonné à régler d'un seul coup tout son éclairage, dans les cas de variation de pression, lequel robinet a été préalablement soudé au commencement de la conduite de distribution intérieure du gaz.

17. — Ces deux robinets s'ajustent sur les tuyaux d'arrivée et de sortie du compteur au moyen de raccords mobiles à vis, dits *raccords de rappel*.

La forme extérieure de ces raccords est octogone (à 8 pans) afin de donner prise à la clef qui sert à les visser sur le compteur, et ils portent à leur partie inférieure un rebord ou cordon circulaire percé de deux petits trous (pl. 3, fig. 1 et 2).

18. — En vissant ces raccords, on s'arrange de manière que les petits trous des deux raccords soient autant que possible vis-à-vis l'un de l'autre afin de faciliter l'apposition du cachet de la compagnie qui doit garantir celle-ci contre toute tentative de fraude qui aurait pour moyen la réunion du branchement extérieur au branchement intérieur après les avoir détachés du compteur. On comprend, en effet, qu'au moyen de cette manœuvre on prendrait le gaz directement sur les tuyaux de la compagnie sans que le compteur indiquât les quantités consommées.

Voici de quelle manière on scelle le compteur :

2.

On prend un morceau de fil de fer recuit et un petit plomb préparé à cet effet. Ce petit plomb (pl. 3, fig. 3) est de forme aplatie présentant deux surfaces parallèles ; il est creux dans son épaisseur, et porte d'un côté une ouverture unique et de l'autre deux ouvertures juxtaposées, séparées seulement par une mince cloison. On passe le fil de fer par le petit trou du raccord d'arrivée, et on le tend dans la direction du raccord de sortie ; mais avant de l'enfiler dans le petit trou de ce raccord on prend le plomb, on y enfile le fil de fer par l'ouverture unique en le faisant ressortir par l'une des deux ouvertures de l'autre extrémité ; cela fait, on enfile le même bout du fil de fer dans le petit trou du raccord de sortie, et on le tend de façon qu'il reste dans la main du poseur assez de fil de fer d'un côté et de l'autre pour pouvoir faire un nœud dans le milieu.

On passe alors le bout du fil de fer qui vient du raccord de sortie par celle des deux ouvertures du plomb qui est restée libre, de façon à ce que le fil ressorte par l'ouverture unique. Le plomb ressemble alors au coulant d'une chaîne de cou qui présenterait à sa partie supérieure deux entrées tandis que les deux bouts de chaîne sortiraient à la partie inférieure par le même orifice.

Dans cette position, et le fil de fer étant assez bien

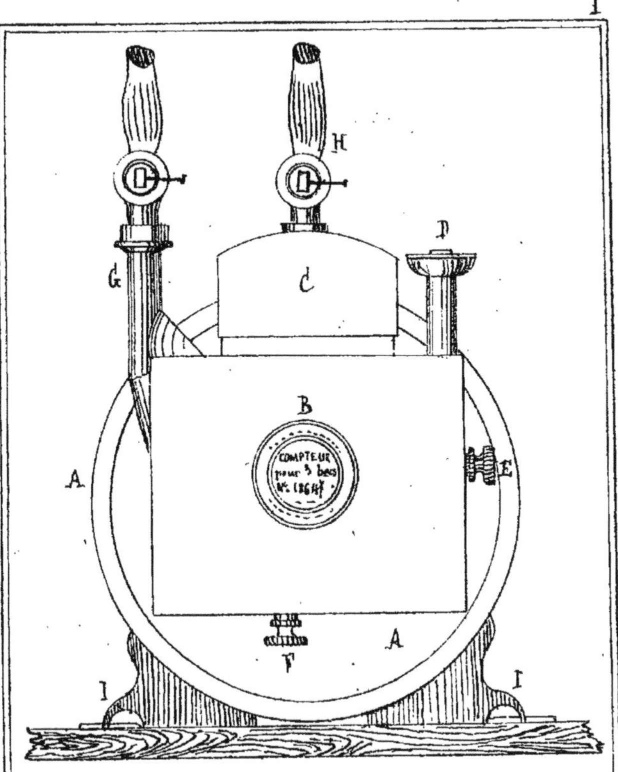

A Caisse cylindrique _ B avant-corps _ C Boîte du mouve-
ment d'horlogerie _ D Introduction de l'eau _ E Vis de
Trop plein _ F Vis du siphon _ G tuyau d'arrivée du gaz _
H tuyau de sortie du gaz _ I pieds du compteur.

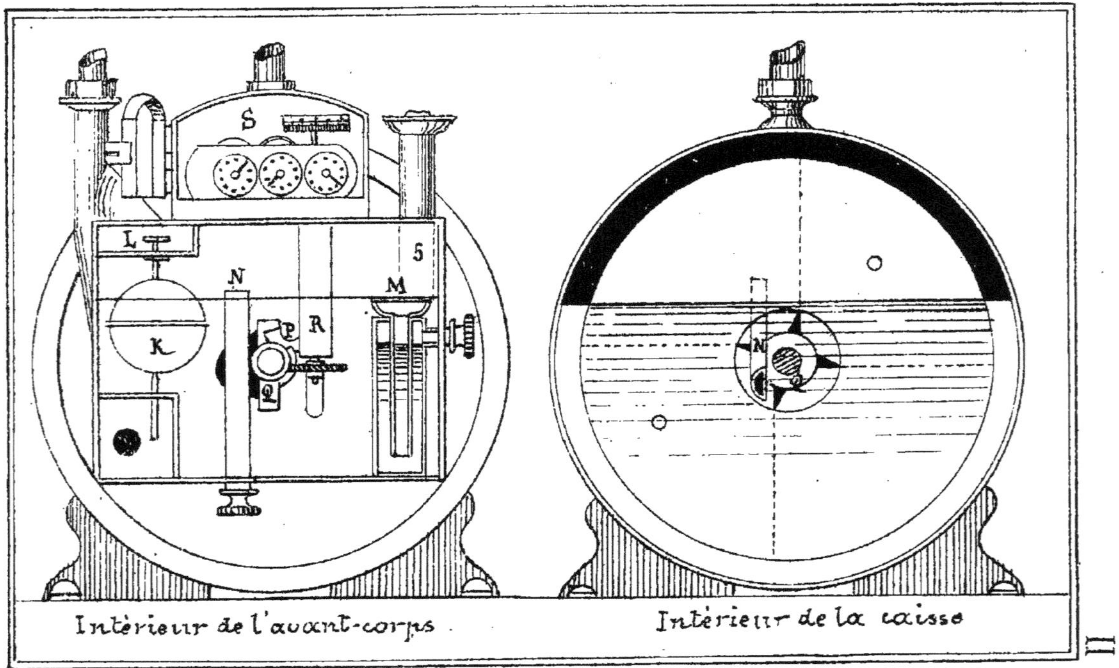

Intérieur de l'avant-corps.　　　Intérieur de la caisse

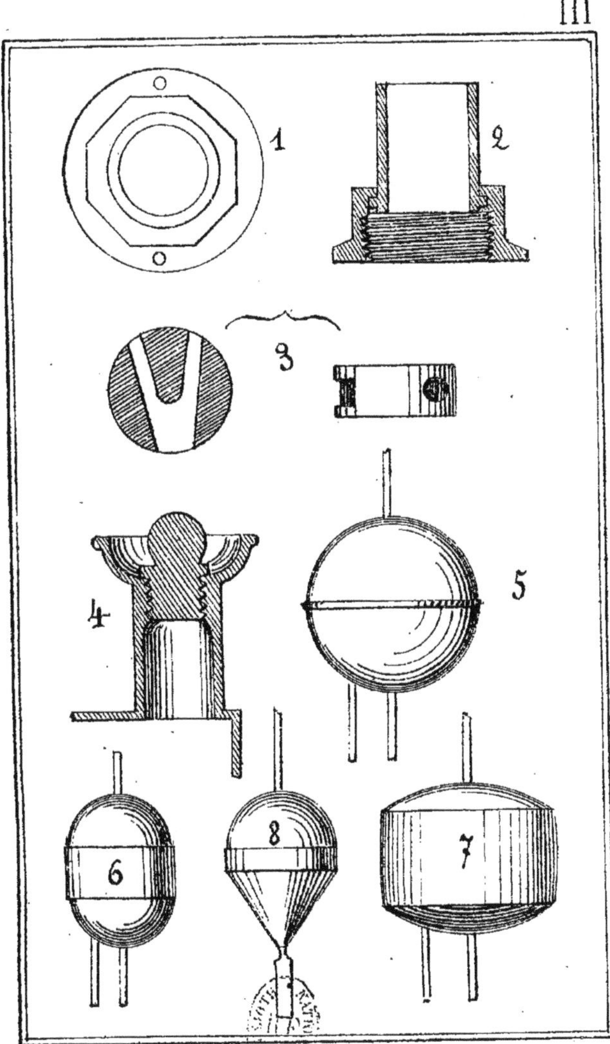

IV
L
2
Ouverture
de la
Soupape
1
Régulateur
du
Niveau d'eau
3

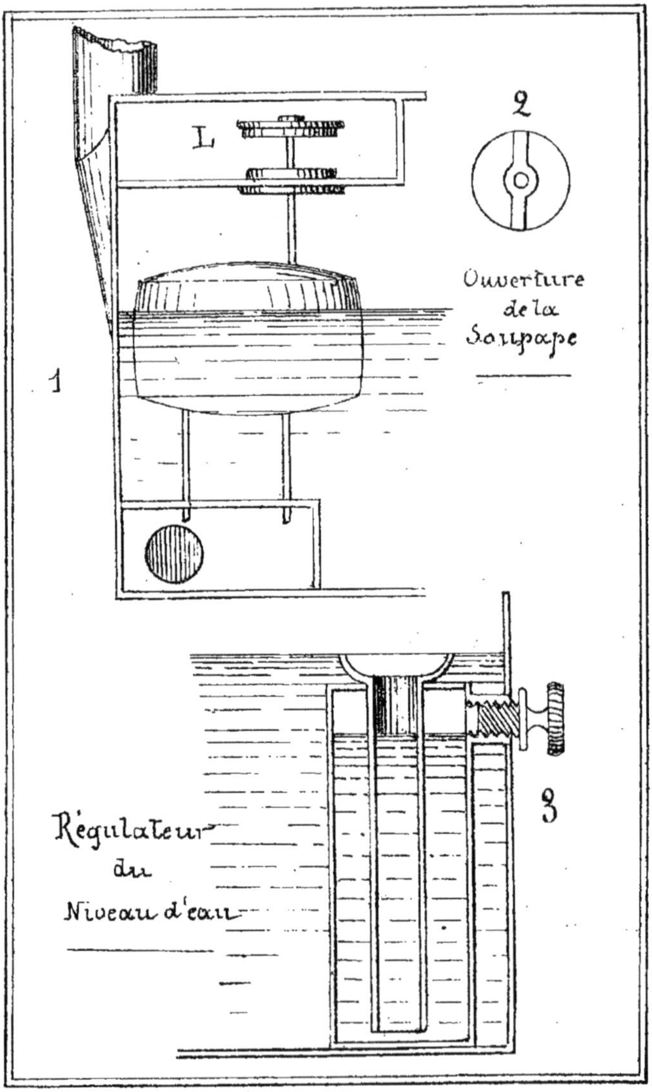

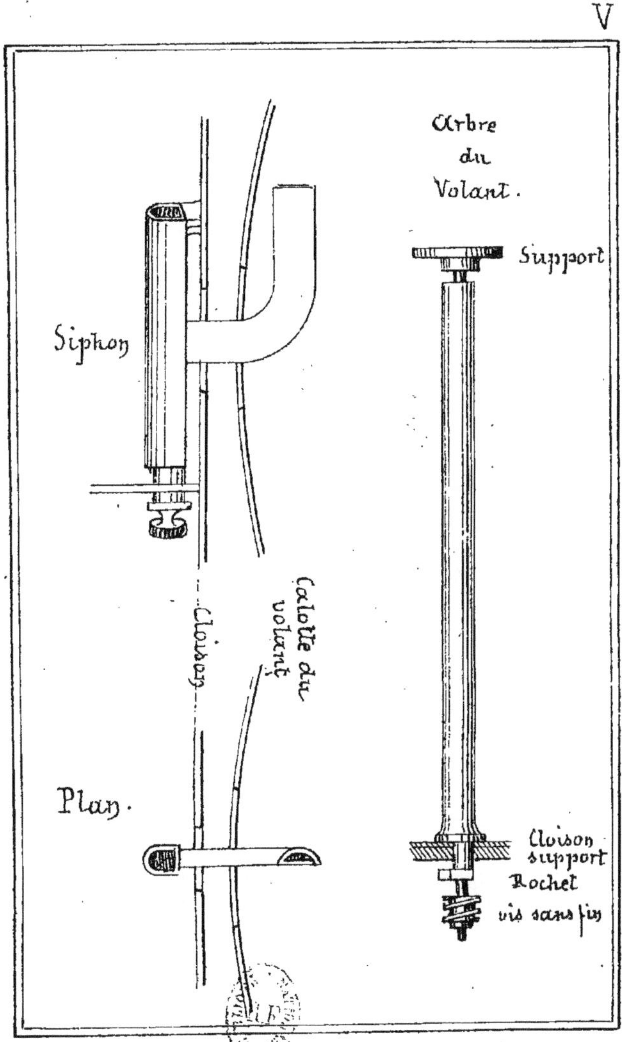

V
Arbre du Volant.
Support
Siphon
Cloison
Calotte du volant
Plan.
Cloison
support
Rochet
vis sans fin

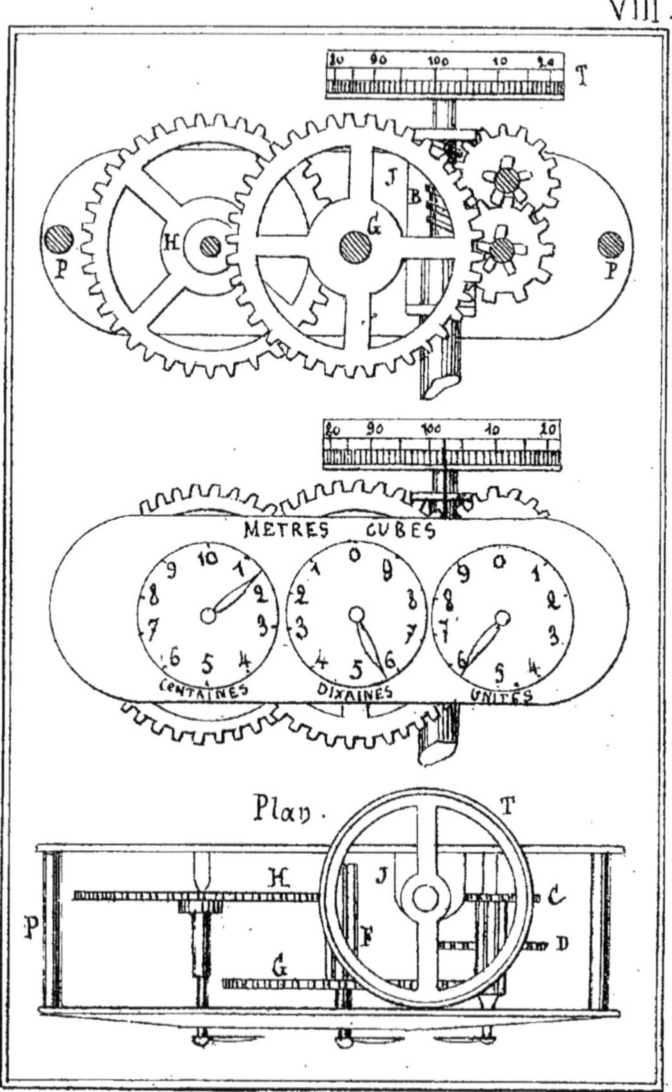
T
P
H
J
B
G
P
METRES CUBES
9 10
8
7
6 5 4
1
2
3
CENTAINES
1
2
3
4 5 6
0
9
8
7
DIXAINES
9 0
8
7
6 5 4
1
2
3
UNITÉS
Plan.
T
P
H
J
C
F
D
G

tendu, on fait remonter le plomb vers le raccord de sortie et l'on réunit les deux bouts du fil de fer vers le milieu des deux raccords, en ayant soin d'embrasser, dans le nœud que l'on pratique, le fil de fer tendu entre les deux raccords.

Le nœud étant ainsi fait, aplati pour pouvoir entrer dans le plomb, et les bouts du fil ayant été coupés, on fait redescendre le plomb jusqu'au nœud de façon à ce que celui-ci pénètre dans l'intérieur entre les deux surfaces du plomb, et porte contre la séparation des deux ouvertures.

19. — Dans cette position, on saisit le plomb entre les deux mâchoires d'une pince d'acier, et on l'aplatit avec force. Ces deux mâchoires portent intérieurement gravés, d'un côté le nom de la compagnie, de l'autre celui de la ville, ou tout autre indication particulière. En serrant fortement le plomb, celui-ci a été aplati, ainsi que le nœud du fil de fer qui se trouve noyé dans le plomb, et les deux empreintes des mâchoires de la pince se sont imprimées de chaque côté du plomb.

L'opération est alors terminée, le compteur est plombé, et il n'y a plus pour le mettre en marche qu'à y introduire l'eau nécessaire à son fonctionnement.

20. — Le compteur installé avec toutes les précautions que nous venons de décrire, avant d'y introduire l'eau, on devra ouvrir le robinet de sortie, et enlever les vis d'introduction de l'eau du régulateur et du siphon.

Cela fait, on place sur l'orifice d'introduction de l'eau un entonnoir pour faciliter le versement de l'eau ; quelques fabricants garnissent cet orifice d'une petite cuvette qui dispense de l'emploi d'un entonnoir (pl. 3, fig. 4).

On prend de l'eau bien claire et bien propre et on la verse dans le compteur. Suivons avec attention l'opération du remplissage de l'instrument, car l'introduction de l'eau va mettre en jeu certains de ces organes dont il importe de connaître le fonctionnement.

III

Introduction de l'eau dans le Compteur. — Flotteur. Régulateur

21. — Le tube d'introduction de l'eau part de la partie supérieure de l'avant-corps, et se rend dans l'avant-corps ou dans la caisse du compteur ; il est recourbé en siphon afin de s'opposer à toute tentative qui aurait pour but d'enlever une partie de l'eau contenue dans l'instrument de façon à en fausser le mesurage.

On a bien tenté d'apporter d'autres dispositions au tube d'introduction de l'eau, mais toutes ayant eu le même but, de déverser l'eau soit dans la caisse du compteur, soit dans l'avant-corps et d'éviter la fraude que nous venons de signaler, nous nous bornons à celle que nous avons décrite, qui est du reste la plus généralement adoptée.

22. — L'eau est donc amenée d'abord dans l'une des deux caisses du compteur ; elle en remplit le fond, s'y élève peu à peu jusqu'à ce qu'elle rencontre, à la paroi mitoyenne avec l'avant-corps, une ouverture circulaire placée assez ordinairement à gauche au-dessous du flotteur. Elle se déverse alors dans l'autre caisse et quand elle a atteint dans celle-ci le même niveau que dans l'autre, elle s'élève simultanément des deux côtés.

En montant toujours elle ne tarde pas à rencontrer une seconde communication entre l'avant-corps et la caisse, c'est l'ouverture par laquelle le bras recourbé du siphon pénètre dans cette dernière.

Elle s'élève encore et, sur le point d'arriver au bord supérieur du régulateur, elle soulève le flotteur.

23. — Parvenue au bord supérieur du régulateur, elle le dépasse bientôt, car on continue toujours à verser de l'eau, celle-ci entre alors dans le régulateur, en gagne le fond puis remonte, par la partie qui fait siphon, et sort par l'ouverture de côté dont on a ôté préalablement la vis comme nous l'avons dit.

Lorsque l'eau commence à sortir par la vis du

régulateur, on cesse d'en verser ; on attend que tout le trop-plein soit écoulé, et quand l'eau a cessé de couler par cet orifice, on le referme avec sa vis ; on replace également la vis d'introduction, et l'on remet aussi en place la vis du siphon que l'on n'avait enlevée que pour éviter que le siphon vînt à se remplir d'eau, dans le cas où une quantité d'eau excessive eût été introduite dans le compteur.

24. — Pour l'instruction de nos lecteurs, disons ici quelle quantité d'eau approximative est nécessaire pour remplir les compteurs des divers calibres :

Un compteur de	3 becs	demande	6 litres d'eau.
»	5	»	10 1/2 »
»	10	»	20 »
»	20	»	38 »
»	30	»	65 »
»	40	»	75 »
»	60	»	115 »
»	80	»	143 »
»	100	»	190 »
»	150	»	224 »
»	200	»	450 »
»	300	»	650 »
»	400	»	800 »
»	500	»	1050 »

25. — Cette opération terminée, le compteur est prêt à fonctionner ; mais, avant d'introduire le gaz, décrivons les fonctions des deux organes que l'eau a mis en jeu, à savoir : le *flottcur* et le *régulateur*.

Le flotteur (pl. 4, fig. 1), est un appareil composé de deux pièces de métal soudées ensemble ; le métal employé est l'étain ; la pièce supérieure est de forme hémisphérique ; la pièce inférieure est assez généralement de même forme, de sorte que l'appareil ressemble à une boule (pl. III, fig. 5) ; on lui a donné aussi la forme allongée, (fig. 6), ou celle aplatie (fig. 7), mais ces diverses dispositions présentent, à la fabrication, un inconvénient dont il est bon de tenir compte. En soudant les deux parties hémisphériques du flotteur, la chaleur développée par le contact du fer à souder raréfie l'air contenu à l'intérieur, si bien que si l'on ne laisse pas une petite ouverture par laquelle rentre l'air, ouverture que l'on bouche ensuite, il se forme une dépression par suite de la pesanteur de la colonne d'air extérieur ; cette dépression se fait plus particulièrement sentir sur les flotteurs de forme allongée ou aplatie, et moins sur les flotteurs sphériques ; il est encore une autre disposition, c'est celle qui consiste à donner à la partie supérieure du flotteur la forme hémisphérique et à sa partie inférieure la forme d'un cône renversé (fig. 8).

Cette disposition a encore, dit-on, l'avantage de

maintenir naturellement le flotteur dans une position verticale, ayant un centre naturel de gravité que ne présente point la sphère, mais elle paraît donner au flotteur une grande sensibilité.

26. — Le flotteur, quelle que soit d'ailleurs sa forme, est surmonté d'une tige verticale en métal qui supporte une soupape horizontale, et, à sa partie inférieure, il porte ou une tige verticale aplatie qui lui sert de guide en s'emboîtant dans un diaphragme soudé à la paroi inférieure de l'avant-corps, ou deux tiges verticales rondes dont l'une lui sert de guide, et l'autre l'empêche de tourner, double fonction qu'une tige aplatie remplit à elle seule.

27. — La tige verticale supérieure qui supporte la soupape L (pl. IV, fig. 1) traverse un compartiment placé, avons-nous dit, contre la paroi supérieure à gauche de l'avant-corps, compartimen qui communique directement avec le tuyau d'arrivée du gaz. Ce compartiment se nomme *chambre* ou *boîte de la soupape;* il est en plomb, et à l'endroit où passe la tige du flotteur, il a une ouverture circulaire qui est fermée par la soupape que porte la tige du flotteur lorsque celui-ci n'est point encore soulevé par l'eau; cette ouverture est garnie d'une petite traverse de métal portant au centre

3.

un petit trou dans lequel se meut la tige de la soupape, de sorte qu'elle est ainsi maintenue constamment d'accord avec l'orifice qu'elle doit intercepter (pl. IV, fig. 2).

28. — On comprend dès lors quelles sont les fonctions du flotteur. La soupape qu'il supporte empêche le gaz de pénétrer dans le compteur tant que le flotteur est au repos; mais, dès que l'eau, arrivant à son niveau normal, le soulève, la soupape s'ouvre, et le gaz peut entrer librement; si le niveau s'abaisse, pour quelque cause que ce soit, le flotteur retombe et entraîne la soupape qui clôt la communication.

Faisons-nous bien comprendre par une image, et disons que le compteur est comme un palais fortifié dont le flotteur est le concierge.

Il y a d'abord la grande porte extérieure, le *robinet d'ordonnance*, qui ne peut s'ouvrir que par les ordres supérieurs, l'intervention de la compagnie ; puis la grille intérieure, le *robinet de sûreté*, et enfin le concierge, le *flotteur*, qui n'ouvre que lorsque tout est en règle à l'intérieur.

Mais ce concierge peut être infidèle, et son infidélité dépend de la longueur du cordon qui lui sert à ouvrir la porte, c'est-à-dire de la longueur de la tige de la soupape. Si le cordon est trop court, la porte reste fermée ; s'il est trop juste, la porte reste entrebaillée, le moindre courant d'air un peu violent la ferme, et il se produit des alternatives d'ouverture et de clôture qui nuisent au libre passage ; si le cordon est trop long, le concierge aura beau le tirer, la porte ne se fermera pas, et l'on pourra alors s'introduire en fraude.

29. — En d'autres termes, si la tige de la soupape est trop courte, la soupape ne s'ouvrira point et le gaz ne pourra pas entrer ; si elle est trop juste, l'ouverture sera à peine suffisante et les moindres variations de pression pourront faire retomber la soupape, d'où des extinctions possibles ; si elle est trop longue, le flotteur pourra retomber sans que le passage du gaz soit intercepté par la soupape, et alors l'abaissement du flotteur étant une conséquence de l'abaissement du niveau de l'eau dans le compteur, il en résultera une altération dans l'exactitude de la mesure ; peut-être même le gaz pourra-t-il passer sans être mesuré.

Les fonctions du flotteur sont donc importantes, en raison des conséquences de la régularité de son service.

30. — Ceci compris, passons maintenant au régulateur.

Le régulateur est un appareil destiné, comme l'indique son nom, à régler la hauteur du niveau de l'eau dans le compteur.

Il est placé dans l'avant-corps à droite, du côté opposé au flotteur. On lui a donné plusieurs formes, plusieurs dispositions qui, toutes, se résument à ceci : un tuyau recourbé en siphon, dont l'orifice supérieur règle par son élévation le niveau de l'eau, reçoit l'excès d'eau qui peut être introduit dans le compteur et le déverse à l'extérieur par la vis latérale de trop plein ; il est essentiel que la partie recourbée présente une garde suffisante pour résister à une pression assez élevée, car si, la vis du régulateur étant ôtée, on introduisait le gaz dans le compteur à une forte pression, cette pression pourrait chasser au dehors l'eau qui se trouve dans le régulateur, et alors le gaz sortirait par la vis de côté sans être compté.

Le régulateur est construit en cuivre, en fer, en plomb ou en étain (pl. IV, fig. 3) la vis de trop plein est en métal *tendre* inoxydable, tandis que son écrou est en métal *dur* également inoxydable.

Nous verrons plus loin pour quel motif il faut régler le niveau de l'eau d'une manière invariable, et par quels moyens on élève ou l'on abaisse, suivant le besoin, le bord supérieur de l'orifice du régulateur.

Pour le moment, le compteur vient de recevoir la quantité d'eau qui lui est nécessaire, l'élèvement du flotteur a ouvert la soupape, le régulateur a réglé le niveau de l'eau, donnons accès au gaz.

Introduction du Gaz dans le Compteur. — Tuyau d'arrivée. — Siphon. — Volant ou tambour. — Tuyau de sortie.

31. — Maintenant que nous savons comment installer le compteur, et comment le garnir de la quantité d'eau convenable, ouvrons le robinet de sûreté pour faire arriver le gaz, et suivons-le dans sa marche à travers les divers organes du compteur qu'il doit traverser avant de sortir de l'appareil pour se rendre aux brûleurs.

Le robinet de sûreté est relié, avons-nous dit, par un raccord de rappel au tuyau d'arrivée du gaz; ce tuyau est placé à la partie supérieure de l'avant-corps, soit complétement au-dessus, soit, ce qui vaut mieux, sur le côté. (pl. IV, fig. 1).

Il ne communique absolument qu'avec la boîte de la soupape, et l'on comprend que la position latérale est préférable, car les coups de pression qui pourraient agir sur la soupape et la fermer brusquement si le tuyau était placé au-dessus, sont presque sans influence sur la soupape, le gaz arrivant ainsi par côté ; c'est un détail minime sans doute, mais qu'il est bon toutefois de noter.

Ce tuyau, en fer ou en cuivre, est terminé à sa partie supérieure par une vis mâle qui reçoit le raccord de rappel.

32. — Voici quel est le diamètre intérieur de ce tuyau suivant le calibre du compteur :

Pour un compteur de 3 becs — diam. int, $0^m,013,5$

»	5	»	$0^m,020$
»	10	«	$0^m,025$
»	20	»	$0^m,030$
»	30	»	$0^m,037$
»	40	»	$0^m,043$
»	60	»	$0^m,043$
»	80	»	$0^m,050$
»	100	»	$0^m,050$
»	150	»	$0^m,055$
»	200	»	$0^m,080$
»	300	»	$0^m,100$
»	400	»	$0^m,125$
»	500	»	$0^m,150$

Ces dimensions sont exactement les mêmes pour

le tuyau de sortie. On trouvera plus loin, dans l'arrêté du 26 avril 1866, les dimensions du diamètre extérieur des pas de vis, et du diamètre de l'enclavement pour les calibres des compteurs les plus en usage.

33. — Après avoir traversé la boîte de la soupape et être sorti de cette boîte par l'orifice que commande cette soupape, le gaz se répand dans l'avant-corps du compteur et cherche une issue. Le régulateur est plein d'eau et fermé, les orifices qui existent à la cloison qui sépare l'avant-corps de la caisse, sont noyés, une seule issue se présente donc, c'est le siphon.

Le siphon est l'organe qui sert à faire passer le gaz de l'avant-corps dans le volant. C'est un tuyau vertical (pl. V), muni d'une branche recourbée en U. Un tube en U pouvait suffire à transmettre le gaz d'un côté à l'autre, mais ce tube pouvait s'engorger soit par des condensations, soit par des excès d'eau introduits dans le compteur, et alors le passage du gaz eût été intercepté ; en lui donnant la forme que nous avons décrite, et terminant sa partie verticale par une vis de vidange qui aboutit à l'extérieur au-dessous de l'avant-corps du compteur, on a obvié à cet inconvénient, car toutes les fois qu'un engorgement vient à se produire il suffit d'enlever la vis pour que le siphon se dégage.

Le siphon est en plomb ; la vis de vidange est en métal *tendre* inoxydable, et l'écrou en métal *dur* également inoxydable.

Il est fixé au compteur par une soudure qui entoure son écrou, à la partie inférieure de l'avant-corps, et relié par un appendice de métal à la paroi mitoyenne de l'avant-corps et de la caisse, et cela à la hauteur de son orifice supérieur.

34. — Les bords supérieurs des deux bras du siphon sont élevés de quelques millimètres. au-dessus du niveau normal de l'eau, afin que les différences de niveau qui pourraient se produire par suite des variations de pression pendant l'éclairage, ne puissent pas engorger le siphon et produire des extinctions.

On a cherché à établir l'orifice de la partie verticale du siphon au niveau exact de l'eau, mais cet inconvénient n'a pas tardé à se produire, et l'on a dû renoncer à cette disposition. Quant à l'orifice supérieur du tube en U, il est toujours plus élevé que celui de la partie verticale, mais cela ne présente aucun inconvénient.

35. — Le gaz passe donc par le siphon pour arriver au volant, mais, avant d'entrer dans le volant, il est obligé de se répandre dans une espèce d'antichambre formée par une calotte bombée du même diamètre et du même métal qué le volant, et

3.

qui lui est reliée par une soudure dans tout son pourtour.

Cette calotte porte à son centre une ouverture circulaire par laquelle passe le tube en U du siphon ; mais les bords de cette ouverture sont noyés dans l'eau du compteur de façon que le gaz ne peut sortir de cette calotte qu'en entrant dans le volant.

36. — Le volant a la forme cylindrique d'un tambour ; il est fermé par deux plaques de fond sur lesquelles sont pratiquées les ouvertures d'entrée et de sortie de ses compartiments intérieurs, les ouvertures d'entrée se trouvent renfermées sous la calotte bombée ; les ouvertures de sortie sont libres du côté opposé.

Le centre du volant est traversé par un *axe* ou *arbre* autour duquel il opère son mouvement de rotation.

37. — L'intérieur du volant est divisé en quatre compartiments égaux dont les cloisons sont placées en hélice, de telle façon qu'à son arrivée sous la calotte, le gaz pénètre dans le volant par celle des ouvertures des compartiments intérieurs qui se trouve, en ce moment, libre au-dessus de l'eau, les autres étant immergées. Mais le compartiment qui doit recevoir le gaz est lui-même en partie dans l'eau ; le gaz arrivant toujours en raison de la pression qu'il reçoit de l'usine, veut pénétrer dans le compartiment ouvert; il presse, et contre l'eau, et contre les parois du volant. L'eau ne peut pas céder, car sa force de résistance est supérieure à la force d'impulsion donnée au gaz; le volant, de son côté, étant mobile autour de son axe et parfaitement équilibré dans toutes ses parties, cède facilement sous l'effort du gaz, il tourne alors, et, en tournant, tire de l'eau le compartiment qui arrive ainsi à se remplir complétement de gaz.

Au moment où il est plein, l'ouverture d'entrée qui a suivi naturellement le mouvement de rotation du volant se trouve plongée dans l'eau du côté opposé à celui par lequel elle a commencé à en sortir; en même temps l'ouverture du compartiment suivant s'est montrée au-dessus de l'eau, le gaz y pénètre alors, tire peu à peu de l'eau le compartiment auquel elle communique, tandis que le compartiment précédemment rempli, se trouvant immergé à son tour, se vide par son orifice de sortie, et que le gaz se répand dans la caisse du compteur où il ne trouve d'autre issue que le tuyau de sortie.

Le second compartiment du volant une fois plein, l'ouverture du troisième se présente à son tour au-dessus de l'eau; le troisième compartiment se remplit pendant que le troisième se vide, et ainsi de suite tant que l'on laisse accès au gaz dans le compteur, et tant que le gaz trouve une issue par les brûleurs.

38. — Il en résulte un mouvement de rotation continuel du volant qui mesure le gaz; nous verrons tout à l'heure comment le gaz peut ainsi être mesuré, et comment ce mouvement de rotation peut servir à indiquer les quantités de gaz qui ont passé par le compteur.

39. — Le volant est entièrement construit en étain pour les compteurs de 3 à 150 becs, mais, à partir des compteurs de 200 becs il est généralement construit en tôle plombée ou étamée. Les ailes ou cloisons des compartiments ne sont pas soudées sur l'arbre mais bien sur les deux plaques de fond. Il existe, entre la partie inférieure des cloisons et l'arbre, un espace vide afin que l'introduction et la sortie de l'eau dans les compartiments soient libres, et que le volant éprouve ainsi le moins de résistance possible (pl. VI, fig. 1).

40. — Comme le volant doit toujours tourner dans le même sens parce que s'il venait à tourner en sens inverse, comme c'est lui qui, ainsi que nous le verrons tout à l'heure, fait marcher le mouvement d'horlogerie, il décompterait les quantités de gaz consommées au lieu de les compter, le compteur porte un cliquet qui vient butter sur une dent ou rochet, et arrête le fonctionnement de l'instrument si le volant vient à tourner en sens inverse.

Le rochet est habituellement fixé sur l'arbre; assez souvent le cliquet est placé à l'extrémité de l'arbre contre la paroi du fond de la caisse; parfois encore le cliquet se trouve situé dans l'avant-corps contre la cloison mitoyenne avec la caisse; dans cette position, il est plus facile à réparer en cas d'avaries (pl. VI, fig. 2).

Quelquefois on remplace le cliquet par une petite pièce de métal soudée à la partie supérieure de l'intérieur de la caisse au-dessus du volant; cette petite pièce est supportée par une charnière et disposée de telle façon que, tant que le volant suit son mouvement habituel de rotation, une petite pointe, soudée au volant, vient butter contre la pièce de métal et fait plier la charnière; mais si, par hasard, le volant vient à tourner en sens inverse, la petite pointe porte à contre-sens sur la pièce à charnière qui devient rigide au lieu de plier, et force ainsi le compteur à s'arrêter.

41. — Malgré tout l'avantage et toute la sécurité qu'offre aux compagnies l'emploi du point d'arrêt qui empêche le volant de revenir en arrière, on est en quelque sorte forcé de supprimer tout cli-

quet ou tout point d'arrêt dans les compteurs de 20
becs et au-dessus, parce que, dans le transport de
ces compteurs, le volant, que l'on ne peut con-
traindre à rester immobile, peut, par les cahots,
tourner soit à droite, soit à gauche, et alors son
poids ferait céder le cliquet, de sorte qu'il faudrait
réparer le compteur à son arrivée.

42. — Le tuyau de sortie du compteur est exactement construit de la même manière que le tuyau
d'arrivée, et il est, avons-nous dit, du même diamètre.

Quelquefois on place au-dessous du tuyau de
sortie, à l'intérieur de la caisse, une pièce de métal rigide soudée aux quatre coins seulement, et
assez éloignée de la paroi de la caisse pour laisser
passer le gaz sans obstacle et sans toucher au volant que cette pièce est destinée à protéger contre
toute tentative qui pourrait être exercée de ce côté
sur le métal si tendre du volant.

V

Mesurage du Gaz. — Importance du niveau d'Eau. — Arbre du volant. — Vis sans fin. — Arbre vertical.

43. — Voilà donc le compteur mis en mouvement par le passage du gaz; les becs sont allumés, l'éclairage est complet.

Voyons maintenant comment le compteur peut arriver à mesurer exactement le gaz que consomme l'abonné.

Nous avons dit que le volant étant immergé dans l'eau jusqu'à une certaine hauteur, et que c'était la partie du volant située hors de l'eau qui recevait le gaz et le mesurait, chacun de ses compartiments se remplissant successivement de gaz au fur et à mesure que chacun d'eux se vidait dans la caisse du compteur. Il résulte de cette alternative de remplissage et de vidange, un mouvement de rotation du volant sur son axe, si bien qu'après un tour complet du volant, la quantité de gaz débitée est égale à la capacité de l'espace annulaire compris entre le niveau de l'eau et lá circonférence du volant.

44. — Cette capacité est facile à mesurer et voici comment :

Après avoir calculé la capacité du volant tout entier (ce qui se fait, comme on le sait, en multipliant par lui-même le rayon du volant, multipliant le produit par le rapport du diamètre à la circonférence, 3141, et multipliant ce nouveau produit par l'épaisseur du volant), on déduit de cette capacité totale le cube de la partie du volant qui reste constamment plongée dans l'eau, cube dont le rayon part du centre de l'axe et se termine au niveau normal de l'eau, et dont la capacité se calcule de la manière que nous venons de décrire, et l'on obtient ainsi la capacité effective de toute la partie du volant qui a servi à mesurer le gaz pendant une révolution entière du volant sur son axe.

45. — On comprend dès lors toute l'importance de l'exactitude du niveau de l'eau dans le compteur; car si le niveau de l'eau s'élève outre

mesure par suite d'un excès d'eau, la capacité de
la partie mesurante du volant se trouve restreinte
d'autant; tandis que si l'on abaisse le niveau de
l'eau elle se trouve augmentée ; or, comme c'est le
nombre des tours qu'exécute le volant qui indique
les quantités de gaz consommées, il va de soi que,
dans ces deux cas, les quantités indiquées ne
sont pas celles qui ont passé en réalité par le volant.

Dans le premier cas, où l'espace de la partie mesurante a été restreint, une révolution du volant représente une quantité de gaz plus grande que celle
qui a été en réalité mesurée.

Dans le second, où la capacité de la partie mesurante du volant a été augmentée per l'abaissement
du niveau de l'eau, une révolution du volant représente une quantité de gaz moindre que celle qui
devait être en réalité mesurée.

Il est donc de toute importance que l'élévation
de l'eau dans le compteur soit maintenue rigoureusement au niveau normal, c'est-à-dire à la hauteur
nécessaire pour que le volume de gaz mesuré par
la capacité de la partie mesurante du volant soit
parfaitement en rapport avec les indications
données par chaque révolution du volant sur son
axe.

46. — Nous avons dit, dans un précédent chapitre, que le régulateur était celui des organes du compteur qui est spécialement chargé de régler le niveau normal de l'eau, c'est-à-dire le degré d'élévation de l'eau dans la caisse, degré auquel le volant plonge dans l'eau juste au point nécessaire pour que sa capacité mesurante soit exacte.

Quelle que soit la précision avec laquelle un compteur soit construit, il y a toujours une différence si petite qu'elle soit, en plus ou moins, entre son exactitude réelle et une précision mathématique.

Le régulateur est l'appareil destiné à corriger cette différence; aussi ne le fixe-t-on définitivement en place que lorsque l'épreuve a démontré qu'il était placé au point convenable. Parfois il est fixé à l'avance, mais alors c'est son bord supérieur que l'on abaisse ou que l'on élève soit par un ajustage à vis, soit par une anse, que l'on manœuvre de l'extérieur par une ouverture pratiquée à la paroi supérieure de l'avant-corps, ouverture que l'on scelle après l'opération terminée.

47. — On a cherché à mettre autant que possible le compteur à l'abri des tentatives qui auraient pour but d'altérer en plus ou en moins le niveau normal de l'eau.

L'altération en plus, c'est-à-dire l'addition d'un excès d'eau, devant profiter à la compagnie, le

consommateur se trouve garanti par la vis de trop
plein du régulateur qu'il suffit en effet d'ouvrir
pour faire écouler l'excédant d'eau, et rétablir
ainsi le niveau normal.

48. — L'altération en moins devant profiter au
consommateur, on l'a prévenue autant que possible par la disposition des organes intérieurs du
compteur, par le scellement des raccords de rappel
du compteur, qui ne pouvant être dévissés ne
permettent pas d'introduire dans le compteur de
petits tubes pour en extraire l'eau, et enfin par le
scellement des pattes du compteur sur la plan-
chette où il est installé, scellement qui empêche
l'abonné d'incliner en avant le compteur, inclinaison qui en faisant monter le niveau de l'eau dans
l'avant-corps, l'abaisse dans la caisse, et altère
ainsi la mesure.

Ayant donc ainsi bien fait comprendre toute
l'importance de l'exactitude du niveau de l'eau
dans le compteur, voyons quelle est la capacité de
la partie mesurante du volant dans les compteurs
des divers calibres.

49. — Disons d'abord pourquoi on distingue
des compteurs de trois becs, de 5, de 10, de 20
becs, etc. On a calculé que le nombre des tours
que devait faire un volant sur son axe pour don-

ner toujours des indications exactes ne devait pas dépasser le chiffre de 100 par heure.

Un nombre supérieur de révolutions ne pourrait être obtenu qu'au moyen d'un surcroît de pression, et aurait pour effet d'augmenter la capacite mesurante du volant, ce qui altérerait l'exactitude de la mesure puisque les indications données par le nombre des révolutions du volant ne seraient plus en rapport avec les quantités de gaz ainsi imparfaitement mesurées. Partant de cette donnée, on a dû mettre les organes des compteurs de chaque calibre en rapport avec la quantité de gaz qu'il devait débiter dans une heure, et c'est de là qu'est venue la différence des diamètres des tuyaux d'entrée et de sortie, des ouvertures de la soupape et du siphon, et de la capacité des volants, si bien qu'un compteur ne peut alimenter un nombre de becs plus élevé que celui pour lequel il est construit sans qu'il se produise une insuffisance d'éclairage résultant d'une alimentation insuffisante.

Ceci compris, l'on a pris des chiffres moyens et l'on a construit des compteurs de 3 becs, de 5, 10, 20, 30, 40, 60, 80, 100, 150, 200, 300, 400, 500 becs et au delà. Nous nous arrêtons à ce chiffre comme limite extrême du nombre des becs chez un abonné, bien qu'il s'en trouve parfois qui possèdent un nombre supérieur de brûleurs ; mais c'est là chose rare.

50. — Dans le principe, on avait admis que la dépense d'un bec ordinaire par heure devait être de 120 litres de gaz ; mais, depuis l'arrêté du préfet de la Seine du 26 avril 1866, l'on a pris pour type une dépense de 140 litres à l'heure, faisant ainsi concorder cette dépense avec celle du bec qui est pris en Angleterre pour bec type et qui est de 5 pieds cubes anglais soit environ 141 litres ; toutefois le compteur de 3 becs est resté en dehors de cette mesure.

Un compteur de 3 becs devant dépenser 360 litres de gaz à l'heure, c'est-à-dire en 100 révolutions du volant, il en résulte que la quantité de gaz mesurée par une seule révolution du volant doit être de 3 litres 6, ce qui représente la capacité de la partie mesurante du volant d'un compteur de 3 becs.

Partant de ce principe, et calculant à raison de 140 litres par bec, et toujours de 100 révolutions du volant à l'heure, nous trouvons que la capacité de la partie mesurante du volant doit être :

Pour un compteur de 5 becs, de 7 litres.
    »   10 »   14 »
    »   20 »   28 »
    »   30 »   42 »

Pour un compteur de 40 becs, de 56 litres
»	60	»	84	»
»	80	»	112	»
»	100	»	140	»
»	150	»	210	»
»	200	»	280	»
»	300	»	420	»
»	400	»	560	»
»	500	»	700	»

51. —Nous comprenons donc comment le gaz est mesuré par le volant ; voyons à présent comment chaque révolution du volant, et par suite chaque quantité de gaz mesurée, peut se traduire en indications métriques faciles à relever, à lire.

Nous avons dit que le volant était soudé sur son axe par ses deux plaques de fonds, de façon à entraîner celui-ci avec lui dans son mouvement de rotation, de sorte qu'il tourne sur lui-même comme sur un pivot, sans nécessiter d'autre force d'impulsion que la pression que possède le gaz à son arrivée dans le compteur.

52. — Avant de décrire l'axe du volant, disons en passant qu'une partie de la pression du gaz se trouve naturellement absorbée par la mise en action du volant, par la résistance qu'offre l'eau au mouvement de rotation du volant, résistance qui augmente avec les dimensions de cet organe, de telle

sorte qu'un compteur de 100 becs absorbe plus de
pression qu'un compteur de trois becs, c'est-à-dire
qu'avec un même chiffre de pression avant le compteur, celle-ci, après avoir traversé le compteur, se
trouvera diminuée des quantités que nous allons
indiquer suivant le calibre du compteur mis en
jeu.

Un compteur de 3 becs, absorbe 2 1/2 mill. de pression.
»	5	»	de 2 1/2 à 3	»
»	10	»	de 3 à 4	»
»	20	»	4	»
»	30	»	de 4 à 5	»
»	40	»	de 4 à 5	»
»	60	»	de 5 à 6	»
»	100	»	de 7 à 9	»
»	150	»	de 8 à 10	»
»	200	»	de 8 à 10	»
»	300	»	de 8 à 10	»
»	400	»	de 9 à 10	»
»	500	»	de 9 à 10	»

53. — Revenons à l'axe ou arbre du volant.
L'arbre du volant est une tige droite sur laquelle
est soudé le volant. Il est terminé à son extrémité
postérieure par un pivot qui repose sur un coussinet soudé au centre de la plaque de fond de la
caisse du compteur; son extrémité antérieure est
passée dans l'œil d'un support vertical soudé dans

l'avant-corps à côté du siphon contre la paroi mitoyenne avec la caisse (pl. V).

Cet arbre est en bronze étamé pour les compteurs de 3 et 5 becs, mais, à partir des compteurs de 10 becs, il est en tube de fer creux étamé, et porte à ses deux extrémités des tourillons de bronze nécessaires pour l'ajuster au coussinet et au support sur lesquels il doit pivoter.

Celle de ses extrémités qui pénètre dans l'avant-corps du compteur est garnie d'un ajustage qui porte une vis sans fin.

54. — Indépendamment de l'arbre du volant, le compteur renferme un second arbre dit *arbre vertical* à cause de sa position, et qui est chargé de transmettre au mécanisme d'horlogerie placé au-dessus de l'avant-corps le mouvement qu'il reçoit de l'arbre du volant.

L'arbre vertical repose à sa partie inférieure sur un support en équerre soudé à la paroi mitoyenne de la caisse; une roue d'engrenage horizontale dont les dents sont légèrement obliques est fixée au bas de l'arbre vertical; les dents de cette roue s'engrènent sur la vis sans fin de l'arbre du volant, si bien que lorsque celui-ci tourne sous l'impulsion du gaz, le mouvement qu'il opère sur lui-même se transmet à l'arbre vertical qui tourne alors mais dans le sens horizontal (pl. VII).

55. — L'arbre vertical traverse la paroi supérieure de l'avant-corps pour pénétrer dans la boîte
du mouvement d'horlogerie; mais l'ouverture par
laquelle il pénètre est garnie d'un *stuffing-box* ou
boîte à étoupe, pour éviter toute communication
entre l'avant-corps et la boîte supérieure. Le mot
boîte à étoupe n'est peut-être pas ici le mot propre
parce que la boîte ne contient pas de l'étoupe, mais
bien une rondelle de cuir embouti qui en tient
lieu; mais ce mot est la traduction du mot anglais
stuffing-box, et l'usage l'a conservé.

De plus l'arbre est renfermé dans un tube de
métal soudé à la paroi supérieure de l'avant-corps
et descendant jusqu'auprès de la roue d'engrenage. Ce tube de recouvrement auquel on a
donné le nom de *manchon* plonge dans l'eau du
compteur, et empêche ainsi le gaz de gagner le
mouvement d'horlogerie; ce tube est assez long
pour présenter une garde capable de résister à
une pression de dix centimètres sans que l'eau
puisse atteindre la boîte à étoupe qui défend l'entrée de la boîte supérieure du mouvement d'horlogerie.

VI

Du mouvement d'horlogerie. — Lecture des cadrans. Indications métriques.

56. — Le mouvement d'horlogerie contenu dans la boîte placée au-dessus de l'avant-corps, est composé de pignons et de rouages renfermés entre deux plaques de cuivre étamé que l'on nomme *platines* A (planches VII et VIII), maintenues dans une position parallèle et au même degré d'écartement, au moyen de deux petites barres cylindriques ou *piliers*, P, également en cuivre étamé. Une plaque métallique émaillée, sur laquelle sont dessinés les cadrans, est soudée à la platine de devant.

57. — L'arbre vertical pénètre, nous l'avons

dit, dans le mouvement d'horlogerie auquel il est relié par une pièce de cuivre étamé, vissée à la platine postérieure et recourbée en équerre à ses deux extrémités, munies toutes deux d'un œil qui livre passage à l'arbre vertical. Cette pièce s'appelle le *pont*, J.

Dans l'espace situé entre les deux branches recourbées du *pont*, l'arbre est façonné en vis sans fin, et son extrémité supérieure s'ajuste à vis sur une roue horizontale qui est le tambour indicateur des litres, T. Cette pièce est en effet divisée sur tout son pourtour, de manière à indiquer une quantité déterminée de litres de gaz. Une aiguille verticale V, soudée à la platine antérieure, sert de repère pour suivre le mouvement du tambour.

Dans les compteurs de trois becs elle porte 100 divisions d'un litre chacune, et comme le tambour des litres suit dans son mouvement de rotation l'arbre vertical, s'il s'en suit que cet arbre, dans une de ses révolutions sur lui-même, indique une consommation de cent litres de gaz mesurés par le volant.

58. — Il faut donc que la relation qui existe entre la vis sans fin de l'arbre du volant et la roue d'engrenage qui entraîne l'arbre vertical, soit telle que les indications du tambour des litres coïncident exactement avec les quantités de gaz mesurées par le volant.

Comme le nombre des dents de la roue d'engrenage, la vis sans fin, et le chiffre des indications du tambour des litres, varient suivant la capacité du compteur, nous n'établirons pas pour chacun d'eux les dimensions de la vis et de la roue d'engrenage, ce sont des détails de fabrication inutiles pour l'intelligence complète du fonctionnement du compteur.

Il suffit que nos lecteurs comprennent bien que le mouvement du volant se transmet par la vis sans fin que porte son axe, à la roue d'engrenage de l'arbre vertical qui porte le tambour des litres, et que la combinaison de l'engrenage est telle que les indications du tambour des litres soient en harmonie constante avec les quantités de gaz mesurées par le volant.

Ainsi si la roue d'engrenage de l'arbre vertical porte 30 dents et que chacune de ces dents corresponde à une révolution du volant, lorsque le tambour des litres, divisé en 100 parties d'un litre chacune, aura fait avec l'arbre vertical un tour sur lui-même, le tambour marquera 100 litres, et les 30 dents de la roue d'engrenage auront été tour à tour entraînées par la vis sans fin de l'arbre du volant; le volant aura donc fait 30 révolutions sur lui-même, et à chaque révolution aura mesuré 3 litres 333 de gaz, ce qui donnnera bien pour les 30 révolutions du volant, les 100 litres indiqués par la seule révolution du tambour des litres sur lui-même.

Voilà donc le gaz mesuré par litres ; voyons maintenant comment on arrive à l'indication du mètre cube et de ses multiples.

59. — Disons auparavant comment se divise le tambour des litres, suivant le calibre des divers compteurs :

Dans les compteurs de 3, 5 et 10 becs, une révolution du tambour indique 100 litres, il porte en conséquence 100 divisions de 1 litre.

Dans le compteur de 20 becs, le tambour indique 200 litres et porte 200 divisions de 1 litre.

Dans les compteurs de 30 à 40 becs, une révolution du tambour indique une dépense de 500 litres ; il porte alors 100 divisions de 5 litres chacune.

Enfin, dans les compteurs de 60 à 500 becs inclusivement, une révolution du tambour indique 1,000 litres et le tambour porte 100 divisions de 10 litres chacune.

60. — Maintenant comment arrive-t-on à indiquer les mètres cubes et leurs multiples?

Disons d'abord que chaque cadran n'a qu'une aiguille et n'indique qu'une partie de la numéra-

4.

tion : unités, dizaines, centaines, etc., et que les cadrans sont placés dans le même ordre que les chiffres, *unités* à droite, puis en allant vers la gauche, *dizaines, centaines,* etc.

Cela posé, prenons par exemple le mouvement d'horlogerie d'un compteur de 3 becs comme plus facile pour la démonstration. Pour les autres, on devra raisonner d'une manière analogue.

61. — Nous avons dit que la partie de l'arbre vertical qui est situé entre les deux équerres du pont était façonnée en vis sans fin.

A cette vis sans fin, B, s'engrène une petite roue verticale C, divisée en 25 dents, chacune de ces dents correspond à un tour du tambour des litres, c'est-à-dire à 100 litres; 10 de ces dents marquent donc 1,000 litres ou un mètre cube. Le cadran des unités, c'est-à-dire des mètres cubes, portant 10 mètres cubes, il faudra donc que la petite roue d'engrenage dont les 25 dents représentent 2,500 litres, tourne 4 fois sur elle-même pour indiquer 10,000 litres, soit 10 mètres cubes, ce qui représente un seul tour de l'aiguille du cadran des unités, tandis que la petite roue en question en fait quatre. Pour arriver à ce résultat, on a soudé à l'axe de l'aiguille du cadran des unités une roue d'engrenage à 24 dents D, et la petite roue qui communique à la vis sans fin a été montée sur un pignon à 6 dents. 6 étant le quart de 24, et le pignon faisant autant de révolutions que la roue à laquelle il adhère, il en resulte que la roue aux 25 dents fait quatre révolutions, la roue qui est montée sur l'axe de l'aiguille des unités n'en fait qu'une seule, et que, dans ses mouvements, l'aiguille indique les mètres cubes consommés en passant successivement devant les 10 unités indiquées au cadran, de la même manière que les heures sur le cadran d'une montre.

Passons aux dizaines :

Sur l'axe de l'aiguille des unités, est monté un pignon à six dents E; sur l'axe de l'aiguille des dizaines est montée une roue à 60 dents, G. Il y a dix unités dans une dizaine, comme il y à 10 fois 6 dans 60. Donc, quand l'aiguille des unités en a indiqué 10, son pignon a fait une révolution qui a fait avancer d'un dixième la roue et l'aiguille des dizaines; quand elle a tourné 10 fois sur elle-même, le pignon à six dents a fait tourner entièrement la roue des dizaines, il y a donc 10 dizaines d'indiquées.

L'axe de l'aiguille des dizaines porte aussi un pignon à 6 dents, F, qui s'engrène sur une roue à 60 divisions, P, soudée à l'axe de l'aiguille des centaines ; la même proportion produit le même effet qui se continuerait de cadran en cadran s'il était nécessaire d'en placer 10 de suite, les multiples d'un nombre augmentant toujours de 10 en 10.

Comme on le voit, c'est une organisation, un mécanisme fort simple. Il importe, pour la solidité de l'instrument, que les roues, axes et pignons soient en cuivre, et que les aiguilles soient soudées sur leur axe afin d'éviter tout dérangement intentionnel.

62. — Le mouvement d'horlogerie est renfermé dans une boîte de fer-blanc ou de tôle placée au-dessus de l'avant-corps du compteur. Sa façade antérieure est garnie d'une vitre pour permettre de relever les indications des cadrans.

Cette vitre est protégée par une porte en métal et à charnière qui se ferme au moyen d'un mentonnet ; elle est percée d'un petit trou dans un de ses coins inférieurs ; dans ce trou est passé un mince fil de fer dont les deux bouts sont renfermés dans le cachet portant le poinçon de l'autorité que l'on appose sur la patte de droite de la boîte, et cela pour éviter que l'on puisse déranger la vitre.

63. — Examinons maintenant les dispositions des cadrans, et apprenons à relever leurs indications.

Chacun des cadrans est divisé en 10 parties

égales 1, 2, 3, 4, 5, 6, 7, 8, 9 et 0 qui est le point de départ de l'aiguille unique de chaque cadran. Le zéro est toujours placé au point le plus élevé du cadran.

Dans le cadran des unités les chiffres descendent par la droite et remontent par la gauche ; dans le cadran des dizaines, ils descendent par la gauche et remontent par la droite.

Dans le cadran des centaines ils reprennent la même marche de droite à gauche, et ainsi de suite quand il y a un plus grand nombre de cadrans, en alternant toujours l'ordre des chiffres.

Voici la cause de cette disposition alternative des chiffres sur les cadrans.

Le mouvement des aiguilles de chaque cadran est commandé par une roue dentée à laquelle est relié un pignon qui transmet le mouvement à la roue de l'aiguille suivante.

La roue de l'aiguille des unités, tournant de droite à gauche, le pignon est fixé sur son axe, qui suivant naturellement la même direction qu'elle, fait mouvoir en sens inverse la roue qui commande l'aiguille du cadran suivant; celle-ci tourne donc de gauche à droite, et comme son pignon commande la roue suivante, mais naturellement en sens inverse, il en résulte que l'aiguille du troisième cadran suit la même marche que celle du premier, que l'aiguille du quatrième cadran suit la même direction que celle du deuxième et ainsi de suite.

64. — Pour relever les indications des cadrans, il faut commencer par le cadran indiquant les quantités les plus élevées, et, suivant l'ordre des chiffres à partir de 0, point de départ primitif de chaque aiguille prendre note du chiffre sur ou après lequel se trouve l'aiguille ; cela fait on passe au cadran suivant que l'on relève de la même manière, et ainsi de suite jusqu'au cadran des unités que l'on prend le dernier.

En relevant ces chiffres on les place dans l'ordre de la numération comme sont placés les cadrans, et, le relevé terminé, l'on a le nombre des mètres cubes indiqués par les cadrans.

Supposons que dans le cadran des centaines, l'aiguille ait passé le chiffre 1, dans le cadran des dizaines le chiffre 5, et, que dans celui des unités elle soit placée sur le chiffre 6, il y aura 156 mètres cubes de gaz indiqués.

65. — Observons que l'aiguille de chaque cadran doit se trouver, après le chiffre qu'elle indique à une distance du chiffre suivant proportionnelle à l'indication de l'aiguille du cadran suivant, de même que sur le cadran d'une montre la petite aiguille conserve entre les chiffres des heures une distance proportionnée au nombre des minutes indiqué par la grande aiguille.

Ainsi dans l'exemple qui précède, l'aiguille du cadran des centaines sera placée à égale distance des chiffres 1 et 2, parce que le cadran suivant indique 5 dizaines de comptées, et dans le cadran des dizaines l'aiguille sera un peu plus rapprochée du chiffre 6 que du chiffre 5 parce que le cadran suivant marque 6 unités.

Comme les mouvements d'horlogerie des compteurs n'ont juste de précision que celle nécessaire pour donner des indications exactes, sans prétendre le moins du monde à la précision minutieuse des horloges de prix; comme du reste, le mesurage du gaz, par suite de la faible pression qui met l'appareil en mouvement, exige que le mécanisme soit un peu libre pour éviter les frottements et les résistances qui en résultent, il peut arriver que l'aiguille d'un cadran n'occupe pas exactement la position proportionnelle qu'elle devrait avoir par rapport à l'indication du cadran; mais il est facile de corriger cette défectuosité apparente en tenant compte de la position des aiguilles sur les deux cadrans qui l'avoisinent, l'une à gauche, l'autre à droite.

66. — Les compteurs de 3 et 5 becs ont 3 cadrans : *centaines*, *dizaines* et *unités* de mètres cubes.

Les compteurs de 10, 20, 30, 40, 60, 80, 100 et

150 becs, ont quatre cadrans : *mille, centaines, dizaines* et *unités* de mètres cubes.

Les compteurs de 200, 300, 400 et 500 becs, ont 5 cadrans : *dizaines de mille, mille, centaines, dizaines* et *unités* de mètres cubes.

67. — Quand on relève les indications d'un compteur on ne s'occupe jamais de celles du tambour des litres.

On comprend que les indications du tambour des litres, changeant suivant le calibre du compteur, comme nous l'avons indiqué plus haut, il y a lieu de modifier le rapport qui existe entre la marche du tambour et celle de l'aiguille du cadran des unités ; car si dans les compteurs de 3, 5 et 10 becs, le tambour indiquant 100 litres, il faut dix révolutions du tambour pour que l'aiguille indique un mètre cube ; dans le compteur de 20 becs, il faut cinq révolutions du tambour seulement de 200 litres chacune pour que l'aiguille marque 1 mètre cube ; dans les compteurs de 30 et 40 becs deux révolutions de 500 litres suffisent pour faire marquer 1 mètre cube, et dans les compteurs de 60 à 500 becs, où chaque révolution du tambour marque 1,000 litres, c'est-à-dire 1 mètre cube, chaque révolution du tambour fait marquer 1 mètre cube par l'aiguille du cadran des unités.

Nous ne nous occuperons pas de ces modifications qui ne changent rien au principe ; quant au rapport des cadrans entre eux, il reste constamment le même..

68. — Les cadrans des compteurs ne doivent indiquer que des mesures métriques ; toutes autres indications d'anciennes mesures ou de mesures étrangères sont formellement prohibées en France, et leur usage entraîne des pénalités édictées par le Code pénal.

Ainsi, la loi du 4 juillet 1837 porte :

« Art. 3. — A partir du 1er janvier 1840, tous les poids et mesures autres que les poids et mesures établis par les lois du 18 germinal an III, et 19 frimaire an VIII, constitutives du système métrique décimal, seront interdits sous les peines portées par l'art. 479 du Code pénal.

« Art. 5. — A compter de la même époque, toutes dénominations de poids et mesures autres que celles portées dans le tableau annexé à la susdite loi du 18 germinal an III, sont interdites dans les actes publics, ainsi que dans les affiches et annonces.

« Elles sont également interdites dans les actes sous seing-privé, les registres de commerce et autres écritures privées produites en justice.

« Art. 7. — Les vérificateurs des poids et mesures constateront les contraventions prévues par les lois et règlements concernant le système métrique des poids et mesures. »

Quant aux pénalités qu'entraîne l'usage des mesures autres que les mesures métriques, elles sont édictées par les articles suivants du Code pénal :

« Art. 424. — Si le vendeur et l'acheteur se sont servis dans leur marché, d'autres poids ou d'autres mesures que ceux qui ont été établis par les lois de l'État, l'acheteur sera privé de toute action contre le vendeur qui l'aura trompé par l'usage de poids ou de mesures prohibées, sans préjudice de l'action publique pour la punition tant de cette fraude que de l'emploi même des poids et mesures prohibées.

« Art. 479. — Seront punis d'une amende de 11 à 15 francs inclusivement, 1°.....6° ceux qui emploieront des poids et mesures différents de ceux qui sont établis par les lois en vigueur.

« Art. 480. — Pourra, selon les circonstances, être prononcée la peine d'emprisonnement pendant cinq jours au plus, 1°..... 3° contre ceux qui emploient des poids et mesures différents de ceux que la loi en vigueur a établis. »

VII

Vérification et poinçonnage des Compteurs.

69. — Avant de sortir de chez le fabricant pour être mis en service chez l'abonné, tout compteur doit avoir été vérifié quant à son exactitude.

A Paris cette vérification s'opère par les agents de la Préfecture de la Seine, non-seulement pour les compteurs qui sont destinés à être employés à Paris, mais encore pour ceux qui doivent être expédiés dans les villes de province, bien que le contrôle de la Préfecture de la Seine n'ait d'autorité réelle que dans le département de la Seine ; mais les villes de province ont rarement de cabinet spécialement destiné à la vérification des compteurs, et elles se sont habituées à regarder comme une garantie d'exactitude la présence sur un compteur du poinçon de la Préfecture de la Seine.

Il va sans dire que bien qu'un compteur ait déjà été vérifié à Paris, les autorités locales n'en conservent pas moins le droit de le vérifier avant qu'il soit mis en service dans leur ville, et, que malgré cette double vérification, la compagnie et le consommateur conservent aussi, en cas de doute sur son exactitude, le droit de le vérifier ou de le faire vérifier, à quelque époque que ce soit.

70. — Ce droit est d'ailleurs consacré par un article spécial de la police qui est assez ordinairement rédigé dans le sens, sinon dans les termes de l'article 3 de la police d'abonnement de la compagnie parisienne que nous avons reproduit dans le chapitre II du présent ouvrage.

Il a, de plus, été consacré par plusieurs décisions judiciaires qui ont établi :

1° Que la compagnie est fondée à exiger la vérification du compteur préalablement à sa mise en service chez l'abonné ;

2° Qu'elle est également fondée à en demander la vérification toutes les fois qu'elle aura lieu de croire à une irrégularité dans son fonctionnement ;

3° Qu'elle est également fondée à demander que

les compteurs fournis par des tiers à ses abonnés lui soient confiés pour être vérifiés dans son établissement, mais à ses propres frais, et avec faculté de suivre ou faire suivre et vérifier, si bon lui semble, la sincérité de l'épreuve ;

4° Qu'enfin l'abonné qui a toujours le droit de demander la vérification de son compteur, et cela à ses frais, ne peut pas faire procéder à cette vérification par une personne étrangère à la compagnie hors de la présence d'un agent de cette compagnie.

Nous renvoyons le lecteur pour ces diverses décisions, à notre *Recueil de Jurisprudence*, pages 104 et suivantes.

71. — Revenons à la vérification première opérée à Paris par les agents de la Préfecture, dans les ateliers même du fabricant de compteurs.

Nous avons, au chapitre II du présent ouvrage, donné une idée sommaire des prescriptions des arrêtés préfectoraux de 1846 et 1862, en ce qui concerne la vérification et l'installation des compteurs ; il nous reste à faire passer sous les yeux de nos lecteurs l'arrêté de M. le Préfet de la Seine, en date du 26 avril 1866, arrêté qui résume toutes les prescriptions antérieures relatives à la vérification et au poinçonnage des compteurs.

En voici le texte :

Arrêté du Préfet de la Seine

du 26 avril 1866.

Le Sénateur, Préfet du département de la Seine, grand-croix de l'Ordre impérial de la Légion d'honneur,

Vu la loi du 16-24 août 1790, titre 11, sur la police municipale ;

Vu l'ordonnance de police du 26 décembre 1846, concernant les compteurs à gaz ;

Vu les traités, en date des 23 juillet 1855 et 25 janvier 1861, entre la ville de Paris et la Compagnie parisienne d'éclairage et de chauffage par le gaz ;

Vu les décisions de M. le préfet de police en date des 16 octobre 1855 et 7 février 1856, relatives à la rétribution due pour le poinçonnage des compteurs à gaz ;

Vu le décret impérial en date du 10 octobre 1859, sur les attributions de la préfecture de la Seine ;

Vu le rapport du directeur du service municipal des travaux publics ;

Vu le projet d'instruction pour l'exécution matérielle du contrôle et du poinçonnage des compteurs humides ;

Vu le rapport de la commission spéciale des compteurs à gaz, en date du 9 février 1866, duquel il résulte notamment, qu'en l'état actuel, on ne saurait se prononcer d'une manière définitive sur le mérite des compteurs secs, et qu'il y a lieu de continuer d'une manière suivie les essais déjà commencés de cet appareil, essais qui ne peuvent être décisifs que si les compteurs dont il s'agit ont été préalablement contrôlés et vérifiés au point de vue de l'exactitude de l'enregistrement de la consommation du gaz;

ARRÊTE :

Art. 1. — Aucun compteur à gaz, sec ou humide, neuf ou réparé ne pourra être mis en service à Paris sans avoir été, au point de vue de l'exactitude et de la confection réglementaire, vérifié par les agents de l'administration et revêtu par eux du poinçonnage municipal.

Art. 2. — Ne seront admis au poinçonnage que les compteurs d'un système autorisé, à titre définitif ou provisoire.

Art. 3. — Tout compteur à gaz du système humide devra être muni d'une garde d'eau de dix centimètres au moins, tant au tube d'introduction de l'eau et au régulateur, qu'au siphon et au manchon de l'arbre vertical.

Art. 4. — Les tambours des litres des compteurs à gaz de tout système seront divisés comme suit :

Cent divisions d'un litre pour les compteurs de cinq et dix becs; deux cents divisions d'un litre pour les compteurs de vingt becs; cinq cents divisions d'un litre, ou cent divisions de cinq litres pour les compteurs de trente, quarante ou cinquante becs; mille divisions d'un litre ou cent divisions de dix litrés pour les compteurs de soixante, quatre-vingts, cent, cent cinquante becs et au-dessus.

Art. 5. — Les diamètres des raccords, s'adaptant aux tubes d'entrée et de sortie du gaz des compteurs de tout système, seront conformes aux dimensions suivantes :

Capacité des compteurs.	Diamètre intérieur des raccords.	Diamètre de l'enclavement,	Diamètre extérieur des pas de vis.
5 becs	20 millim.	23 mill.	30 mill.
10	25	29	37
20	30	36	43
30	47	42	52
40	43	47	57
60	43	47	57
80	50	54	63
100	50	54	63
150	55	51	72

Art. 6. — Pour les compteurs humides, la dimension du volant sera calculée de façon à donner avec cent révolutions à l'heure, la quantité de cent quarante litres de gaz par bec de capacité.

Art. 7. — Il ne sera poinçonné à l'avenir aucun compteur humide neuf de capacité inférieure à cinq becs.

Art. 8. — Tous les anciens compteurs humides, y compris ceux de deux et trois becs, actuellement en service, seront tolérés et pourront être réparés et poinçonnés jusqu'à ce qu'ils soient hors d'état de servir, alors même qu'ils ne seraient point conformes aux prescriptions ci-dessus. L'identité de ces compteurs sera constatée par le poinçon appliqué sur la plaque de fabrication, poinçon qui devra rester intact pour faire jouir le compteur du bénéfice de cette disposition.

Art. 9. — Les salles d'épreuve seront disposées, la vérification et le poinçonnage des compteurs humides seront opérés, les registres de cette opération seront tenus conformément à l'instruction ci-annexée de M. le directeur du service municipal des travaux publics, en date du 30 novembre 1865.

Les compteurs seront contrôlés par les mêmes procédés, jusqu'à ce que ces appareils soient définitivement autorisés, s'il y a lieu.

Art. 10. — Sont maintenus, dans toutes celles de leurs dispositions qui ne sont pas contraires au présent arrêté, les anciens règlements relatifs aux compteurs, et notamment les décisions de M. le Préfet de police en date des 16 octobre 1855 et 7 février 1856, concernant la rétribution du poinçonnage.

Art. 11. — M. le directeur du service municipal des travaux publics est chargé de l'exécution du présent arrêté dont ampliation sera adressée :

1° A Messieurs les fabricants de compteurs à gaz;

2° A l'inspecteur municipal de l'éclairage privé;

3° Insérée au Recueil des actes administratifs de la préfecture.

Fait à Paris, le 26 avril 1866.

G. E. Haussmann.

72. — La rétribution due pour l'opération du poinçonnage dont parle l'article 10 de l'arrêté ci-dessus date de l'année 1855.

Antérieurement à cette date, l'opération du poinçonnage était gratuite; mais sur la proposition de M. l'Inspecteur général de la salubrité et de l'éclairage de Paris, adressée au Préfet de police dans le but d'astreindre les fabricants de compteurs à payer, à titre d'honoraires et de frais de déplacement, une légère rétribution, pour tous les appareils qu'ils soumettraient à la vérification et au poinçonnage, le Préfet de police décida qu'à l'avenir il serait payé par les fabricants de compteurs, pour tout compteur vérifié et poinçonné par les agents de la Préfecture, une somme 0 fr. 15 c. par bec pour les compteurs de 40 becs et au-dessous, et de 0 f. 20 c. pour les compteurs d'un plus fort calibre. Cette taxe fut abaissée par décision du 7 février 1856, au taux de 0,15 par bec quelle que fût la capacité des compteurs.

Cette taxe a été maintenue depuis par la Préfecture de la Seine.

On paye donc aujourd'hui pour le poinçonnage :

d'un compteur de 3 becs fr. 0 45
» 5 0 75
» 10 1 50

d'un compteur de 20 becs fr. 3 »
»	30	4 50
»	40	6 »
»	60	9 »
»	80	12 »
»	100	15 »
»	150	22 50
»	200	30 »
»	300	45 »
»	400	60 »
»	500	75 »

73. — À l'arrêté du 26 avril 1866 était joint le règlement que nous allons reproduire :

Instruction relative à la vérification et au poinçonnage des compteurs

RÉGLEMENT

I

APPAREILS NÉCESSAIRES POUR LA VÉRIFICATION DES COMPTEURS

La vérification et le poinçonnage des compteurs s'effectuent au domicile de celui qui fabrique ou fournit ces appareils.

A cet effet, il existe dans chaque fabrique de compteurs un laboratoire qui est réservé aux essais des appareils, et que le constructeur met à la disposition des agents de l'administration municipale, ainsi que toutes les choses nécessaires aux apprêts du poinçonnage.

Outre le gazomètre avec échelle divisée et le compteur-contrôleur, ce laboratoire renferme un compte-secondes, un thermomètre plongeur, un niveau à bulle d'air, des manomètres, des tuyaux de raccords, un nombre suffisant de becs brûleurs ; en un mot, le matériel convenable et nécessaire.

Le gazomètre a été préalablement jaugé, et le compteur-contrôleur vérifié avec soin par l'agent du service municipal ; ces deux appareils étant, l'un, la mesure étalon qui doit servir à la vérification des compteurs, l'autre, une mesure exacte dont les indications apportent un contrôle à cette même opération.

1° *Jaugeage du gazomètre*

Le gazomètre se compose d'une cloche cylindrique suspendue au-dessus d'un réservoir d'eau, dans la position d'un appareil à plongeur.

La capacité de cette cloche est de trois hectolitres au moins, et de cinq hectolitres au plus. Lorsqu'elle est mise en mouvement, la division par litres de son volume intérieur est indiquée sur une bande de métal qui, fixée à la cloche même, monte et descend avec celle-ci, et fait passer successivement devant une aiguille indicatrice chacun des traits de sa division.

Sur le dôme de l'appareil est placé un manomètre servant à indiquer la pression du gaz, et dont le diamètre intérieur sera d'un centimètre au moins.

Pour jauger un gazomètre, on emploie la méthode de

l'empotement. Ainsi, après avoir isolé la cloche du réservoir d'eau, on la dispose de manière que son orifice, tourné vers le haut, soit solidement maintenu dans un plan horizontal, ce dont on s'assure au moyen d'une règle et d'un niveau à bulle d'air.

A la partie inférieure de la cloche ainsi renversée, et le long de la bande de métal, est adapté, dans le sens vertical, un tube en verre ayant quinze millimètres de diamètre intérieur, et mis en communication à sa naissance avec l'intérieur du cylindre.

Tout étant ainsi disposé, on introduit dans la cloche une baguette ayant le même diamètre que l'intérieur du tube en verre, et l'on y verse de l'eau jusqu'à ce que le niveau devienne apparent. On trace alors, vis-à-vis du plan du niveau, sur la bande de métal, un trait que l'on marque O, et qui devient le point de départ de la division.

Après cette première opération, on verse un décalitre d'eau dans la cloche, et l'on trace sur la bande de métal un second trait correspondant au niveau de l'eau dans le tube. On continue ainsi de la même manière jusqu'à ce que la cloche soit remplie, et alors l'échelle se trouve divisée en parties dont chacune représente dix litres. On subdivise chacune de ces parties en dix autres égales entre elles, marquées par des traits plus petits que les premiers, et dont chacun représente un litre.

A ce moment, il ne reste plus qu'à numéroter les divisions principales, à partir de O, et de cinq en cinq litres ; puis le tube en verre est supprimé, et son orifice de communication avec l'intérieur du cylindre fermé par une vis ou une plaque soudée.

Le jaugeage du gazomètre étant ainsi terminé, la cloche

est poinçonnée par l'agent du service municipal, qui en a suivi les opérations et effectué le contrôle.

Quant à la bande de métal, elle est remplacée par une autre dont les divisions sont gravées, et sur laquelle le vérificateur applique également le poinçon, lorsque, après l'avoir confrontée avec la première, il en a reconnu et constaté la parfaite exactitude.

2° *Compteur, contrôleur.*

Cet appareil n'est autre qu'un compteur ordinaire du système Crosley, mais il est muni d'un large cadran sur lequel une aiguille enregistre, en litres, le volume de gaz qui traverse le gazomètre. La vérification de cet instrument, quant à son exactitude, a lieu au moyen du gazomètre d'essai, et dans les mêmes conditions que celle des compteurs ordinaires. Il est également poinçonné par l'administration municipale.

II

VÉRIFICATION DES COMPTEURS.

Les compteurs présentés à la vérification doivent être conformes à l'un des systèmes qui ont été approuvés par l'administration et dont le modèle a été déposé à la préfecture de la Seine.

Ils ont été réglés d'avance par le fabricant, et les régulateurs ou raccords de niveau d'eau ont été préalablement soudés.

Chaque appareil porte une plaque indiquant le nom et

la demeure du fabricant, le volume du gaz qu'il est destiné à mesurer par heure, le numéro et l'année de sa fabrication.

Le niveau d'eau de tous les compteurs qui ne sont pas pourvus d'une soupape avec flotteur, est indiqué à l'extérieur par un tube en verre.

L'essai peut avoir lieu sur six compteurs à la fois. Il est procédé à cette opération de la manière suivante :

Les appareils sont placés en ligne à la suite l'un de l'autre, sur une dalle parfaitement horizontale établie à côté du gazomètre. Ils sont réunis entre eux et mis en communication avec ce dernier par des tuyaux de raccord, de manière que le gaz traverse successivement tous les compteurs pour arriver aux becs brûleurs. La série est terminée par le compteur-contrôleur.

Des manomètres, pourvus d'une échelle divisée en millimètres, et dont les tubes ont au moins un centimètre de diamètre intérieur, sont placés sur chacun des tuyaux de raccord. La fonction des manomètres est d'indiquer le degré de pression que le compteur absorbe lorsqu'il est mis en mouvement.

Après ces préparatifs, on introduit dans chaque compteur l'eau nécessaire ; mais on a soin, pendant cette opération, de fermer le tuyau d'arrivée du gaz, afin que la pression du gazomètre ne s'oppose pas à l'établissement exact du niveau d'eau.

La pression gazométrique, pendant la vérification des compteurs, doit être de dix centimètres, et la température du laboratoire, ainsi que celle de l'eau introduite dans les compteurs et les appareils d'essai est maintenue entre 11 et 14° centigrades.

Lorsque le vérificateur s'est assuré de l'étanchéité des compteurs, raccords, tuyaux et accessoires, au moyen des manomètres, les becs sont mis en feu et réglés de manière que les compteurs débitent le maximum de gaz qu'ils sont destinés à mesurer par heure.

Le même agent constate alors la pression dans chacun des manomètres. La différence de pression, accusée par deux manomètres consécutifs, est celle nécessaire pour mettre en marche le compteur placé entre ces deux manomètres, ou, en d'autres termes, elle représente la force absorbée par le jeu de l'appareil.

L'agent municipal inscrit en ce moment, dans une colonne de la feuille de service, le degré de pression absorbée ; il ferme, pour un instant, le robinet du gazomètre.

Il relève alors, sur d'autres colonnes de la même feuille, les indications prises à l'échelle du gazomètre, au tambour de chacun des compteurs, et au compteur-contrôleur.

Ces observations préliminaires étant achevées, le vérificateur met de nouveau le gaz en charge, et fait passer exactement, à travers les compteurs, une quantité de gaz correspondante à une révolution entière du tambour des litres. Pendant la durée de cette expérience, il examine le manomètre adapté au dôme du gazomètre, dont la pression ne doit pas varier pendant toute l'opération.

Lorsque l'échelle du gazomètre a enregistré la dépense ci-dessus indiquée, l'écoulement du gaz est arrêté, l'agent municipal relève de nouveau les indications du gazomètre et des tambours de chaque compteur, qu'il inscrit sur la feuille de service, comme précédemment, et l'opération est terminée.

Quant au compteur-contrôleur, il n'a été employé que comme moyen de contrôle ; le gaz dépensé au gazomètre doit concorder à un quart pour cent près, en plus ou en moins, avec la dépense accusée par cet appareil.

En cas de discordance, l'épreuve doit être recommencée.

Pendant cette opération, le vérificateur, ayant laissé ouverts tous les orifices du compteur, a pu s'assurer que la fermeture hydraulique, tant du régulateur et du siphon que du manchon de l'arbre vertical et du tube d'introduction d'eau, possède une garde pouvant résister à la pression de dix centimètres au moins. Ce contrôle est le complément de la surveillance de l'autorité.

C'est alors qu'il admet au poinçonnage ceux des compteurs qui, satisfaisant à toutes ces conditions, ont enregistré, à un pour cent près, en plus ou en moins, le volume de gaz indiqué par l'échelle du gazomètre, et qui n'ont pas absorbé une pression supérieure à trois millimètres d'eau, tandis qu'il refuse de poinçonner les appareils qui ne rempliraient pas toutes ces conditions d'admissibilité. Toutefois, chaque compteur est toujours essayé isolément avant d'être définitivement refusé.

Les compteurs de grandes dimensions, destinés à mesurer par heure 2,800 litres et au-dessus, sont essayés séparément.

Leur vérification est faite avec de l'air au lieu de gaz.

Le vérificateur se réserve de provoquer, une fois par mois au moins, l'ouverture d'un compteur et de constater, par l'examen de ses organes, qu'il n'a été apporté aucune modification au modèle approuvé par l'administration.

III

POINÇONNAGE DES COMPTEURS.

L'opération du poinçonnage consiste à introduire de la cire à cacheter dans des bagues métalliques, en saillie de deux millimètres, soudées sur diverses parties du compteur, et à rebord formant encadrement pour retenir la cire. C'est sur cette cire que le vérificateur applique l'empreinte d'un cachet spécial.

Dans l'un des angles inférieurs de la boîte du mouvement d'horlogerie, il a été disposé un fil métallique de telle sorte qu'après avoir traversé la vitre des cadrans, ce fil soit relié par ses extrémités à la patte qui reçoit l'empreinte du poinçonnage.

Les parties du compteur sur lesquelles on appose le poinçon sont celles qu'il serait indispensable de déplacer si l'on avait l'intention d'altérer la marche de l'appareil. Ce sont : 1° le régulateur; 2° et 3° les deux pattes de la boîte du mouvement d'horlogerie; 4° le bord rabattu de la paroi qui forme la boîte carrée du compteur, et 5° la plaque portant le numéro matricule de l'appareil et autres indications prescrites.

De cette manière, il devient impossible de changer la situation du niveau d'eau, en haussant ou abaissant la position du régulateur, d'altérer le mouvement d'horlogerie en enlevant la boîte vitrée qui le recouvre, de modifier les organes de l'instrument et de remplacer son numéro d'ordre.

Lorsqu'un compteur a subi une réparation quelconque, il ne doit être remis en service qu'après avoir été remis à zéro, et soumis à une nouvelle vérification et à un second poinçonnage.

En pareil cas, le poinçon porte les mots : 2° *poinçonnage.*

IV

VÉRIFICATION DES COMPTEURS AILLEURS QUE CHEZ LE FABRICANT

Bien que tout compteur qui a subi l'opération du poinçonnage doive être accepté par les abonnés comme un instrument exact et légal, chacun conserve cependant le droit de faire visiter son appareil lorsqu'il doute de la régularité de sa marche.

Lorsque la Compagnie ou l'abonné demande que l'essai d'un compteur en service soit fait au gazomètre, la vérification a lieu dans le laboratoire de l'administration municipale, en présence des parties intéressées et donne lieu à la perception de la taxe.

V

TENUE DES REGISTRES

L'agent municipal tient un registre dans lequel il inscrit le numéro matricule des compteurs vérifiés et admis au poinçonnage, celui des compteurs refusés ; la capacité de chaque appareil, la différence observée, lors de la vérification, sur cent litres de gaz dépensés au gazomètre ; la pression absorbée par le jeu du compteur ; enfin la date de la vérification, l'indication du lieu où l'expérience a été faite ainsi que le nom du fabricant de l'appareil. Une dernière colonne est ménagée à la suite des précédentes pour y consigner, s'il y a lieu, les observations, soit du vérificateur, soit du fabricant.

Après chaque séance, le vérificateur et le fabricant de

compteurs reconnaissent exacte la situation inscrite sur le registre en y apposant leur signature ainsi que sur la feuille de service qui relate toutes ces opérations.

Paris, le 30 novembre 1865.

Signé : LAMING.

Vu et arrêté par l'inspecteur général des ponts-et-chaussées, directeur du service municipal des travaux publics.

Signé : MICHAL.

74. — Toutes les prescriptions des instructions qui précèdent doivent être suivies avec la plus grande sévérité, et les constatations faites par les agents de l'autorité doivent être fidèlement consignées dans la feuille de service quotidien dont nous donnons ci-contre le modèle, et dans laquelle nous renfermons divers exemples des résultats obtenus à la vérification, tels qu'ils doivent être consignés sur la feuille de service.

Ainsi le compteur de 3 becs n° 1562 est admis au poinçonnage bien qu'il n'ait enregistré que 99 litres de gaz pendant que le gazomètre et le compteur-contrôleur, en ont indiqué 100, mais l'écart de 1 0⁄0 est dans les limites fixées par l'instruction précitée.

Le compteur 2180 est refusé parce qu'il présente un écart de plus de un pour cent.

Ville
de N......

Service
de l'Éclairage.

Vérification des Compteurs à Gaz

Feuille de Service du 15 Mars 1869

Nom du fabricant
X.........

Lieu où la
vérification a été faite.

Numéros de fabrication des Compteurs essayés.	Capacité des Compteurs en becs de 40 litres à l'heure.	Pression au Gazomètre.	Consommation de gaz accusée.			Dépense de gaz accusée par chaque Compteur pour 100 litres dépensés au gazomètre.	Indication des Pressions absorbées par chaque Compteur.	Numéros des Compteurs		Produit de la Taxe à fr. 0.15 par bec.	Observations.
			au Gazomètre.	au Compteur-Contrôleur.	par chaque Compteur essayé.			admis	refusés		
1562	3	10^m	100	100	99	99	2 ^{m}/2	1562	"	0^f.45	
2180	5	10	100	100	98	98	3	"	2180	"	
3321	10	10	100	100	100	100	5	"	3321	"	
2061	20	10	200	200.5	199	99.5	4	2061	"	3. "	
4158	40	10	500	501	500	100.2	5	4158	"	6. "	
5891	100	10	1000	1002	999	100.4	6	5891	"	15. "	

Total .... fr. | 24.45

L'Agent-Vérificateur

Wimy

Le compteur 3321 est également refusé parce qu'il absorbe une pression trop forte.

Les compteurs 2061, 4158 et 5891 sont acceptés parce qu'ils ne présentent qu'un écart inférieur à un pour cent de la consommation indiquée par le compteur-contrôleur bien que celui-ci ne soit pas complétement d'accord avec le gazomètre de jauge, mais la différence entre ces deux appareils n'étant pas de un quart pour cent, il n'y a pas lieu à recommencer l'opération.

Les feuilles de service ainsi dressées par les vérificateurs sont remises à l'inspecteur principal de l'éclairage qui, dans toutes les occasions difficiles, assiste les agents vérificateurs qui en sont chargés.

75 — Il y a encore d'autres instructions sommaires dont les agents doivent observer les prescriptions ; en voici la substance :

Avant de procéder à l'essai des compteurs à poinçonner, le vérificateur doit exiger que, pour les compteurs de 3, 5 et 10 becs, les niveaux soient soudés ; on excepte de cette mesure les appareils d'une plus grande capacité, mais il est indispensable que ces derniers soient pointés.

Le poinçon est tenu par le vérificateur qui ne doit s'en dessaisir sous aucun prétexte.

A la fin de chaque séance, le vérificateur inscrit sur un calepin la situation du nombre des compteurs poinçonnés, et le décompte des sommes dues pour le poinçonnage par le fabricant ; celui-ci et le vérificateur arrêtent cette situation en y apposant leur signature.

Lorsqu'un nouveau fabricant s'établit, il dépose à la direction du service municipal, conformément aux instructions, un modèle du système de compteur qu'il désire faire approuver. L'inspecteur principal l'examine, s'assure par des essais répétés de sa fidélité ou de son inexactitude à accuser la dépense réelle de gaz, en dresse un rapport dans lequel il conclut à son acceptation ou à son rejet.

Il procède à l'examen de la salle d'épreuve du nouveau fabricant, en vérifie les conditions d'hygiène et de sécurité, ainsi que les appareils qui doivent servir à la vérification des compteurs ; il jauge lui-même le gazomètre, et dresse du tout un rapport détaillé qu'il adresse au directeur du service.

Si, dans le cours des vérifications, les agents surprenaient de la part des fabricants certaines manœuvres frauduleuses, telles que substitution d'estampilles, appositions de fausses ou de vieilles empreintes, suppression des plaques de réparation, etc., ils doivent en aviser sur-le-champ, l'inspecteur principal, qui, après en avoir conféré avec le directeur, constate, s'il y a lieu, les faits par un procès-verbal.

Comme on le voit, l'autorité préfectorale, a

entouré à Paris, la vérification des compteurs de toutes les précautions possibles pour assurer la sincérité du contrôle et par suite l'exactitude des appareils poinçonnés.

Mais le poinçon de l'autorité ne garantit que l'exactitude de l'instrument dans les conditions normales; on n'obtient les conditions de solidité et de durée qu'en ayant soin de prendre des instruments de bonne fabrication.

VIII

Inspection des Compteurs en service. — Relevé des Aiguilles. — Nivellement.

76 — Toute compagnie de gaz bien administrée doit porter tous ses soins à la bonne organisation du service qui a pour objet le relevé des indications des compteurs, le nivellement, l'entretien de ces instruments, comme aussi la surveillance constante de leur fonctionnement. C'est là sans contredit le point le plus important après la bonne fabrication du gaz, puisque c'est de l'organisation et de l'exécution de ce service que dépend l'exactitude des recettes de l'entreprise.

Nous allons décrire à nos lecteurs l'organisation de ce service à Paris; bien qu'elle ne puisse être

Compteur

	Capacité	Numéros	appartenant à	fabricant
M. Malard, Miroitier	3 becs	1501	l'Abonné	X... 1865
M. Noel, successeur.	5 .	2183	la Comp.ᵉ	N... 1868

Conduite montante N° matricule 113 { Emplacement du Compteur — Magasin à Droite. | Lettre du robinet A.

Nombre de tables	Mutations et Annotations.	Dates des Relevés.	Indication des Aiguilles	Consommations partielles	Consommations totales
3		31 Déc. 1868	624		
		28 Janv. 1869	851		227
		27 Février	1200		349
		2 Mars	1315		115
	M. Malard cesse le Commerce.	15	1419	104	104
5	Noel, Success. Compt. N... N° 2183.	15	000		
		1 Avril	123		123
		2 Mai	215		92
		4 Juin	321		106
	Compteur enlevé à réparer	10	345	24	
	remplacé par Compt. X... N° 3120 1868	10	000		
		3 Juillet	72	72	96
	enlevé le Compteur provisoire	15	140	68	
	rétabli le Compteur 2183.	15	000		
		2 Août	83	83	151
		3 Septembre	253		170
		29	468		215
		31 Octobre	727		259
		30 Nov.ᵇʳᵉ	1067		340
		31 Déc.ᵇʳᵉ	1479		412
		1 Janv. 1870	1479		

N.B. { Venu du f° 75 / Voir f° — même que N°

appliquée dans toutes les usines à gaz en raison de l'importance du personnel qu'elle nécessite ; chaque compagnie, chaque directeur, n'en saura pas moins tirer profit de ces détails en les proportionnant aux exigences particulières de son entreprise.

77 — La direction et la surveillance du service des compteurs est centralisée dans les mains d'un chef spécial qui a sous ses ordres des vérificateurs, des contrôleurs et des employés.

La ville est divisée en plusieurs quartiers ; chaque quartier en périmètres ; chaque périmètre en parcours.

Un même quartier est distribué entre plusieurs contrôleurs, chacun d'eux a son périmètre spécial, et chaque jour il visite un des parcours de ce périmètre, en suivant l'itinéraire qui lui est tracé par les carnets, dont nous allons parler tout à l'heure.

Du 27 d'un mois au 5 du mois suivant, c'est-à-dire pendant 10 jours à peu près, le travail des contrôleurs consiste à relever les indications des aiguilles des cadrans des compteurs chez les abonnés.

Du 6 au 26 du mois, ils sont chargés de niveler les compteurs ; mais alors ils changent de périmètres, afin, tout en nivelant les compteurs, de contrôler le relevé des aiguilles fait par leurs collègues.

Deux opérations distinctes incombent donc aux contrôleurs ; pendant 10 jours le relevé des aiguilles, pendant 20 jours le nivellement des compteurs.

78 — Des carnets spéciaux sont dressés pour chacune de ces opérations.

Chaque page de chaque carnet est affectée au service spécial d'un même abonné pendant toute l'année ; chaque carnet contient de 200 à 250 abonnés placés suivant un parcours déterminé ; plusieurs carnets composent le périmètre d'un seul contrôleur qui a en moyenne mille abonnés à visiter.

Nous donnons ci-contre le modèle d'une page du carnet relatif au relevé des aiguilles, en la remplissant pour bien en faire comprendre la destination.

Comme on le voit, il y a deux lignes pour le nom de l'abonné dans le cas où il viendrait à être remplacé par un autre dans le courant de l'année. Sur la même ligne sont inscrits : la capacité du compteur, son numéro de fabrication, le nom de la personne à laquelle il appartient (l'abonné ou la compagnie) enfin le nom du fabricant, et l'année dans laquelle il a été fabriqué.

S'il y a dans la maison une colonne montante pour porter le gaz à tous les étages, on inscrit au-dessous le numéro matricule de la colonne sur laquelle est branché l'abonné, puis l'emplacement du compteur, et la désignation de son robinet de service qui est marqué d'une lettre spéciale.

Bien que le relevé des compteurs n'ait lieu en général qu'une fois par mois, l'on n'en a pas moins consacré trois lignes à chaque mois, car il peut arriver, comme le porte notre exemple, soit que l'on ait à relever dans le mois la consommation d'un abonné qui cesse de s'éclairer et qui est remplacé par un autre, soit que le compteur en service ait besoin de réparation, auquel cas il faut l'enlever après avoir relevé l'indication des aiguilles et le remplacer par un compteur provisoire ; en ce cas, les consommations indiquées dans le même mois sont incrites à la colonne des consommations partielles et totalisées à la fin du mois dans la colonne des consommations totales.

79 — Le relevé des indications des aiguilles est inscrit en même temps par le contrôleur sur un livret spécial qui reste aux mains de l'abonné et dont nous plaçons ci-contre un modèle :

Disposition du livret de l'abonné.

M..rue..

COMPTEUR		MUTATIONS et ANNOTATIONS	DATES	CHIFFRE INDIQUÉ par les AIGUILLES	CONSOMMATION	
Capacité.	Numéro.				Partielles	Totale

Quand on a terminé le relevé des aiguilles chez tous les abonnés inscrits sur un même carnet, ce carnet est envoyé à la comptabilité qui y trouve les éléments nécessaires pour établir les quittances à présenter chaque mois aux abonnés.

80. — Les carnets pour le service du nivellement des compteurs portent une entête exactement semblable à celui du relevé des aiguilles. Seulement, comme on peut le voir par le modèle que nous donnons ci-contre, les colonnes n'ont pas le même objet ; l'une porte l'indication des aiguilles au moment du nivellement, la seconde, la consommation qui en résulte comparativement au chiffre inscrit sur le livret de l'abonné, chiffre que le contrôleur porte sur la colonne suivante.

Il résulte de ce contrôle que l'on peut approximativement se rendre compte de la marche du compteur dans l'intervalle d'un relevé à l'autre.

81. — Généralement l'on ne nivelle un compteur qu'une fois par mois, cependant il en est que l'on est obligé de visiter et de niveler jusqu'à 2, 3 et même 4 fois dans le même mois ; de ce nombre sont les compteurs de grande consommation pour les théâtres, les grands établissements publics ou particuliers, ceux qui desservent des locaux où l'on entretient une grande chaleur ; en général la chaleur et le passage de grandes quantités de gaz sont la cause de la prompte évaporation d'une certaine quantité d'eau et par conséquent de l'altération de l'exactitude du compteur qu'il faut rétablir par l'addition d'un volume d'eau égal à celui qui s'est évaporé.

Il y a, par contre, des compteurs qui n'ont que rarement besoin d'être nivelés, placés qu'ils sont en contre-bas de la conduite de la rue, dans un sous-sol ou dans une cave, car, dans cette situation, ils sont alimentés par les eaux de condensation qui se déposent dans les conduites et se déversent en partie dans les compteurs ainsi placés. Il n'en faut pas moins les visiter avec exactitude et s'assurer que l'eau se maintient toujours au niveau normal.

On inscrit sur le carnet de nivellement, à la colonne des annotations, l'indication du nombre des visites mensuelles à rendre à l'abonné dans le cas où une visite par mois ne paraît pas suffisante, suivant la situation ou le travail de son compteur.

82. — Des instructions spéciales ont été rédigées pour le nivellement des compteurs; l'une est relative aux compteurs ordinaires, dits compteurs Crosley, la seconde a trait au nivellement des compteurs construits suivant les prescriptions de l'arrêté préfectoral du 26 avril 1866, que nous avons reproduit dans le chapitre précédent.

Disposition du Carnet
pour le Nivellement des Compteurs.

Rue .... N° ....

	Compteur			
	Capacité	Numéro	appartenant à	Fabricant
M				
M				

Conduite montante. N° matricule	{ Emplacement du Compteur	Lettre du Robinet ....

Nombre de Brûleurs	Mutations et annotations.	Nivellement du Compteur			Consommations inscrites sur le livret de l'abonné.
		Dates	indication des aiguilles	Consommation en mètres cubes	
		Déc. 1868			
		Janv. 1869			
		Février			
		&ª			

Voici la première de ces instructions.

« Opérer de la manière suivante :
1° S'assurer de la fermeture du robinet de sûreté placé avant le compteur ;
2° Ouvrir le robinet de sortie ainsi que le brûleur le plus proche, afin de faciliter l'échappement de l'air ou du gaz pendant l'opération du nivellement ;
3° Enlever les vis d'introduction d'eau, du régulateur et du syphon.
4° Après avoir placé un entonnoir sur l'orifice d'introduction de l'eau, verser doucement l'eau dans le compteur jusqu'à ce qu'elle coule par l'orifice du régulateur
5° La laisser écouler, et, quand elle a cessé de couler, remettre en place les vis d'introduction de l'eau, du régulateur et du siphon.
Le compteur est ainsi nivelé ; on ferme alors le robinet de sortie et le brûleur qui avait été ouvert. »

Voici le texte de la seconde instruction :

Instruction

POUR LE NIVELLEMENT DES COMPTEURS CONSTRUITS CONFORMÉMENT AUX PRESCRIPTIONS DE L'ARRÊTÉ PRÉFECTORAL DU 26 AVRIL 1866.

Il est nécessaire d'opérer de la manière suivante :
1° S'assurer de la *fermeture* du *robinet de sûreté* placé avant le compteur ;

2º *Ouvrir un bec* pour l'échappement de l'air ou du gaz pendant l'opération du nivellement ;

3º *Oter la vis du tube d'introduction d'eau et celle du siphon ;*

4º Verser l'eau en un mince filet par le tube d'introduction, jusqu'à ce qu'elle coule par l'orifice du siphon ;

5º Oter à ce moment la vis du régulateur et laisser écouler complétement l'eau par les orifices du régulateur et du siphon ;

6º Remettre ensuite à leur place les vis du tube d'introduction d'eau, du siphon et du régulateur ;

7º *Fermer le robinet du bec* précédemment *ouvert.*

Cette opération terminée, le compteur sera en état d'être mis en marche et de fonctionner d'une manière satisfaisante.

83. — Le service des contrôleurs consiste encore, soit pendant le relevé des aiguilles, soit pendant l'opération du nivellement, à faire des observations de toute nature sur la régularité de la marche du compteur, son mauvais état, les imperfections d'éclairage dont le client peut se plaindre, l'état des plomberies, des robinets, en un mot à déployer la plus grande vigilance pour que la compagnie soit constamment assurée du bon fonctionnement des compteurs en service.

A cet effet, chaque contrôleur consigne sur une feuille spéciale, un rapport des observations qu'il a pu faire dans sa visite chez l'abonné, il indique dans ce rapport tous les accidents qu'il rencontre : arrêt du compteur, fuite d'eau, fuites de gaz, réparations urgentes, consommations anormales, fraudes, etc.; nous allons au chapitre suivant, passer en revue les divers accidents possibles, en indiquant les moyens d'en découvrir les causes.

Nous annexons ci-contre un modèle de ce rapport qui comme on le voit est divisé en deux parties; l'une, celle de gauche renferme les observations du contrôleur; l'autre, celle de droite est destinée à recevoir la réponse du vérificateur.

A jours et heures indiqués tous les contrôleurs, réunis en présence du chef de service, remettent à celui-ci les rapports qu'ils ont dressés; le chef de service apprécie les divers cas qui lui sont soumis et transmet aux vérificateurs les rapports qu'il reçoit des contrôleurs.

Compteur :	*Réponse.*
de 5 becs, n° 17293, en location fabricant N*** année de fabrication 1847 indication des aiguilles 529	Le compteur était très-vieux et fuyait. On l'a changé, le nouveau compteur porte le n° 21240, fabricant V***, année 1868 et indique 61 mètres cubes.
L'abonné se plaint d'une forte odeur au compteur surtout le soir.	*Le vérificateur,*

Vu : *Le chef de bureau,*

84. — Les vérificateurs alors se rendent chez les abonnés désignés aux rapports, examinent les accidents et les cas signalés, indiquent aux abonnés ce qu'il y a à faire, donnent les prescriptions nécessaires, et inscrivent le résultat de leur visite dans la colonne de droite du rapport. Ils sont chargés ensuite de veiller à l'exécution de leurs prescriptions après que celles-ci ont reçu l'approbation du chef de service.

On a eu l'idée d'imprimer ces formules de rapports sur des papiers de diverses couleurs, afin de voir à première vue ce dont il s'agit.

Ainsi les observations relatives au manque de gaz sont consignées sur papier blanc; celles qui ont trait au mauvais état des compteurs et appareils, sur papier chamois; les fuites de gaz sont inscrites sur papier rose, et, lorsque le vérificateur a lieu de dresser un rapport à propos d'un mauvais service fait par un contrôleur, son rapport est imprimé sur papier vert.

C'est un détail qui facilite le service.

85. — Les observations qui ont trait à des consommations anormales, sont consignées sur le carnet du relevé des aiguilles. Parfois aussi il se glisse des erreurs dans l'inscription, sur le carnet, des indications des cadrans. Le service de la comptabilité s'en aperçoit par la comparaison des dépenses mensuelles avec celles des mois correspondants des années antérieures; alors il dresse une fiche sur laquelle il consigne ses observations; la fiche est transmise au vérificateur qui contrôle le fait chez l'abonné.

Parfois encore des fraudes sont signalées par les contrôleurs; ils adressent leur rapport à ce sujet au chef du service qui prend alors avec les vérificateurs les mesures nécessaires pour arriver à la constatation de la fraude.

IX

Visite des Compteurs.

86. — Les fonctions des inspecteurs ou contrôleurs étant ainsi déterminées, suivons ces agents
dans les visites qu'ils font chaque mois au compteur de l'abonné.

Ils commencent par relever, d'après les aiguilles
des cadrans, la consommation de gaz faite pendant
le mois qui vient de s'écouler, et cela en notant les
indications de l'aiguille de chaque cadran l'un
après l'autre, comme nous l'avons décrit au chapitre vi, et en ayant bien soin de tenir compte de la
position respective que doivent occuper les aiguilles
dans le cas où quelqu'une d'elles n'occuperait pas
exactement sa position normale.

L'agent inscrit les chiffres indiqués par le cadran sur son carnet, puis il porte le même chiffre sur le livret de l'abonné, en faisant ressortir, sur l'un et sur l'autre, la dépense de gaz qui résulte de la différence du chiffre accusé par le compteur avec le chiffre relevé le mois antérieur.

87. — En outre, il examine sur le livret de l'abonné la dépense qu'il vient d'inscrire et celle du mois correspondant de l'année antérieure, comparant mentalement ces deux dépenses entre elles et tenant compte de la différence du nombre des brûleurs, s'il y a eu de ce côté quelque modification.

S'il résulte de cette comparaison succincte que la dépense du mois qui vient de finir est dans des limites normales, il passe outre; mais si, au contraire, il n'y a pas de proportion entre les dépenses comparées, il s'enquiert des motifs de la plus grande consommation s'il y a excès, ou bien il recherche les causes de la moindre dépense s'il y a eu diminution dans la consommation.

88. — Dans le cas où l'abonné n'aurait aucun motif plausible à alléguer pour justifier la diminution de son éclairage, l'agent doit rechercher si cette diminution ne provient pas de quelque vice du compteur. A cet effet il allume un brûleur, et suit de l'œil la marche du tambour des litres pendant que le bec brûle. Si le tambour ne fonctionne

pas, il ne pousse pas plus loin ses investigations, prévient l'abonné qu'il se présente une irrégularité dans la marche du compteur, et qu'après vérification ultérieure, il lui sera fait un rappel pour ramener le chiffre erroné indiqué par le compteur à ce qu'a dû être sa dépense réelle; puis il adresse un rapport à son chef de service, comme nous l'avons dit au chapitre précédent.

Si, au contraire, le tambour des litres paraît fonctionner convenablement et que la faible dépense du mois écoulé ne soit pas expliquée, l'agent doit revoir le compteur le lendemain, pour s'assurer si la dépense de la soirée a été régulièrement enregistrée au cadran. Dans le cas de la négative il dresse un rapport; mais, que la dépense de la soirée soit ou non régulièrement indiquée, il n'en doit pas moins rechercher les causes de la diminution de la consommation, car il ne doit laisser passer aucune anomalie sans chercher à s'en rendre compte.

89. — Il procède alors à une visite détaillée du compteur et de ses accessoires.

Il examine d'abord la plomberie d'arrivée et de départ, et suit le branchement extérieur aussi avant que possible afin de s'assurer qu'aucune prise de gaz frauduleuse n'a été établie, qu'aucun repiquage n'a été pratiqué dans le but de joindre les tuyaux d'arrivée et de sortie pour éviter le passage du gaz par le compteur. Il visite scrupuleusement le robinet de sûreté et le robinet de sortie, pour s'assurer qu'ils ne portent les traces d'aucune tentative frauduleuse et qu'il n'existe aucune fuite de gaz aux branchements ni aux robinets.

Il examine avec attention le plomb qui porte le cachet de la compagnie pour voir s'il est toujours intact ; il s'assure que les pattes du compteur n'ont pas été dévissées et que le compteur est toujours dans sa position normale, c'est-à-dire qu'il n'est pas incliné en avant ; cette inclinaison constitue une fraude, car elle a pour effet, en élevant le niveau de l'eau dans l'avant-corps, d'agrandir la capacité mesurante du volant, de sorte qu'une révolution de celui-ci marque le passage d'une quantité de gaz moindre que celle mesurée réellement.

Il observe avec soin la vitre de la boîte du mouvement d'horlogerie pour voir si elle est toujours intacte, si elle n'a pas été brisée et changée. Le bris de cette vitre peut avoir été accidentel sans doute, mais il peut aussi avoir été produit par une intention coupable. Ainsi, dans les compteurs dont les aiguilles n'ont pas été soudées sur leur axe, on peut avoir changé leurs indications de manière à leur faire accuser une dépense moindre que la dépense réelle. Il est possible encore qu'au lieu de toucher aux aiguilles, l'on se soit attaqué au mouvement d'horlogerie lui-même en faussant soit l'axe d'une aiguille, soit une roue dentée, de manière que le pignon d'une aiguille n'engrène plus sur la roue de l'aiguille suivante, ce qui rendrait celle-ci immobile.

Les indications des aiguilles peuvent encore avoir été faussées par l'oxydation des engrenages du mouvement d'horlogerie produite par une infiltration d'eau dans la boîte, par suite de la défectuosité du *stuffing-box* qui entoure l'arbre vertical. En effet, l'étanchéité du *stuffing-box* est garantie par un cuir embouti autour de l'arbre vertical au point où celui-ci pénètre dans la boîte du mouvement d'horlogerie; mais il peut arriver que ce cuir se dessèche, se contracte, n'adhère plus à l'arbre et que, sous la pression du gaz, l'eau qui s'élève dans le manchon qui entoure l'arbre vertical dans l'avant-corps du compteur, pénètre dans la boîte supérieure, attaque les rouages du mouvement, les oxyde et les ronge au point de les désengrener.

L'agent s'apercevra facilement de la fuite d'eau au *stuffing-box* aux traces d'humidité qu'il remarquera autour de l'arbre.

Il est donc important de signaler l'état du mouvement d'horlogerie et de constater si la vitre qui le protége est cassée, parce que, quand bien même le bris de cette vitre n'eût été qu'accidentel et n'eût donné lieu à aucune tentative coupable, la poussière qui pourrait s'introduire dans le mouvement finirait par empâter les rouages et en entraver la marche.

90. — L'agent devra aussi signaler toutes les irrégularités qu'il remarquera dans la position des aiguilles, car il pourrait arriver qu'elles fussent le résultat d'une erreur ou d'une négligence dans le découpage des engrenages, de telle sorte que le nombre des dents des roues ne serait plus en rapport normal avec le nombre des révolutions des pignons qui les commandent, d'où des indications inexactes, et des anomalies dans la position respective des aiguilles des divers cadrans.

Si ces anomalies, qu'il est facile de redresser une première fois, persistent et vont en s'aggravant, c'est un signe évident de l'existence du vice que nous venons de signaler. Il faut alors enlever le compteur, et, après un examen minutieux, faire changer les engrenages reconnus défectueux.

91. — L'examen du mouvement d'horlogerie terminé, l'agent visitera l'un après l'autre les organes extérieurs du compteur, s'assurera que les vis d'introduction de l'eau, du régulateur et du siphon sont intactes et ferment bien ; qu'il n'existe aucune fuite à l'avant-corps et à la caisse cylindrique du compteur ; s'il en existe quelqu'une, il la signale dans son rapport, et la bouche provisoirement.

Quant à l'intérieur du compteur, l'agent s'assurera que l'eau est à son niveau normal, et que le calibre de l'instrument est en rapport avec le nombre de becs qu'il est chargé d'alimenter. Si ce nombre excède le chiffre normal des brûleurs pour lequel le compteur a été construit, il consignera le fait sur son rapport.

X

Irrégularités dans le fonctionnement des Compteurs.

92. — Il arrive assez fréquemment que l'abonné se plaint aux agents de la compagnie qui viennent visiter son compteur, de certaines irrégularités qui se produisent dans son éclairage.

L'agent doit toujours connaître assez exactement le compteur pour voir si l'irrégularité qu'on lui signale provient du mauvais fonctionnement de cet instrument, et quel est l'organe de l'instrument qui fonctionne mal.

Mettons-nous à sa place et écoutons les plaintes de l'abonné.

Le plus grave des cas qui puisse se présenter,

au point de vue de l'abonné, est le manque absolu de gaz ; quoique les robinets d'ordonnance, de sûreté et de sortie soient ouverts, le gaz n'arrive pas aux becs.

Cet effet peut tenir à plusieurs causes.

93. — Si le compteur est neuf, fraîchement installé et qu'il n'ait pas encore fonctionné, il peut arriver que, quoique convenablement nivelé, le gaz n'y passe point.

C'est que la soupape est restée collée sur l'orifice d'arrivée, et que l'eau n'a pas eu assez d'action sur le flotteur pour dégager la soupape, ce que l'on peut vérifier en ôtant la vis du siphon et s'assurant que le gaz n'y arrive pas. Un léger coup frappé sur la paroi extérieure de l'avant-corps suffit d'ordinaire pour dégager la soupape et faire fonctionner le flotteur.

Mais, si le manque de gaz se produit sur un compteur en service depuis quelque temps, la cause est ailleurs et il faut la chercher.

Le gaz arrive-t-il par la vis du siphon ?

94. — Non, il y a abaissement du niveau de l'eau, le flotteur est retombé, et la soupape est close.

En ôtant la vis du régulateur, et introduisant à la manière ordinaire de l'eau dans le compteur on rétablira le niveau à son point normal. Cela fait, si le

6.

gaz arrive, la cause était une simple altération du niveau d'eau.

Cette altération est-elle due à une fuite? L'examen de l'extérieur du compteur suffira pour le démontrer, car la fuite se reproduira une fois le niveau rétabli.

Est-elle due à une manœuvre frauduleuse? C'est à la sagacité de l'agent à le découvrir, soit par un examen minutieux des organes extérieurs qui peuvent conserver des traces de la fraude, soit par déduction en réfléchissant que la quantité d'eau nécessaire à rétablir le niveau normal a été bien considérable eu égard à la perte due à l'évaporation naturelle, et à l'époque du dernier nivellement opéré. Un agent intelligent ne néglige aucun indice.

95. — Est-ce en perçant le régulateur que l'on a produit l'abaissement du niveau de l'eau? en ce cas l'intention frauduleuse aurait eu pour effet immédiat la suppression de l'éclairage, résultat auquel l'abonné ne s'attendait certes pas.

Le percement du régulateur n'est guère praticable que lorsque cet organe est construit en métal tendre, étain ou plomb; et, par suite de la petite dimension du tube écrou qui reçoit la vis du régulateur, le trou ne peut guère avoir été pratiqué qu'horizontalement et dans un champ fort restreint. Donc, en introduisant, par l'ouverture de la vis du régulateur, une longue pointe émoussée comme une fine aiguille à tricoter, on doit après quelque tâtonnement trouver bientôt le percement frauduleux. Si ce sondage n'amenait point de résultat, il y aurait un autre moyen de découvrir la fraude, ce serait de replacer la vis du régulateur et de verser de l'eau peu à peu dans le compteur jusqu'à ce que la soupape s'étant relevée, le gaz passe et mette en jeu le tambour des litres; aussitôt que le tambour des litres entre en fonctions, si l'on cesse de verser de l'eau et que l'on enlève la vis du régulateur, l'eau introduite s'écoulera au dehors, et le passage du gaz sera intercepté de nouveau, signe certain de l'altération du régulateur.

96. — En hiver, le manque de gaz est souvent produit par l'abaissement de la température qui peut arriver à geler l'eau dans le compteur. Dans ce cas, le gaz passe bien par la soupape et le siphon, mais il est impuissant à faire tourner le volant, celui-ci étant pris par la glace. Si l'on s'aperçoit de cet accident, un peu de temps avant l'éclairage, on peut y remédier en entourant le compteur de linges sur lesquels on versera fréquemment de l'eau chaude, de manière à dégeler l'eau du compteur.

Si le temps presse, on fait prévenir immédiatement la Compagnie qui envoie un agent, lequel descelle le compteur, l'isole en dévissant les raccords des tuyaux d'arrivée et de sortie, et en les réunissant entre eux, de façon à ce que le gaz arrive directement du branchement extérieur à la conduite de distribution intérieure sur laquelle sont situés les brûleurs. De cette manière, l'éclairage ne subit pas de retard, et l'on a tout le temps d'emmailloter le compteur avec du foin, de la paille, des copeaux ou des linges, de façon à dégeler l'eau petit à petit, sans amener de lésion ni de perturbation dans ses organes.

Dans ce cas, comme le gaz consommé ne peut être enregistré par le compteur, l'agent de la Compagnie prévient l'abonné que sa dépense de gaz pour cette soirée sera réglée d'après la moyenne de sa dépense quotidienne dans le mois.

97. — Le plus sage, pour éviter tous ces ennuis, c'est, lorsque arrive la saison rigoureuse, de prendre des précautions contre la gelée.

A cet effet, si le compteur est renfermé dans une boîte, une niche, ou un dessous quelconque, que l'on puisse garnir sans inconvénient, il suffit, pour toute précaution de l'entourer d'une couche épaisse de paille, de foin, de copeaux ou de vieux linges; mais, si le compteur est à découvert, il est préférable de mélanger à l'eau qu'il contient, une substance qui permette au liquide de résister à de basses températures. C'est ainsi que les uns ont employé de l'eau salée, d'autres de l'eau mélangée d'alcool, d'autres enfin un mélange d'eau et de glycérine.

08. — L'emploi de l'eau salée n'est pas toujours efficace; les Compagnies de gaz, en général, lui préfèrent l'usage de l'alcool; mais le prix de l'alcool est assez coûteux, d'autant plus qu'il faut un litre et demi d'alcool pour un compteur de trois becs, deux litres et demi pour cinq becs, cinq litres pour dix becs, dix litres pour vingt becs, et ainsi de suite; outre cette dépense, l'alcool à la propriété de se vaporiser avec facilité, de sorte que le niveau normal s'altère au préjudice de l'exactitude de l'instrument; et de plus, l'alcool qui est essentiellment inflammable, agit d'une manière astringente et aigrit les métaux.

L'usage de la glycérine est, sans contredit, bien préférable; la glycérine, qui était connue autrefois sous le nom de *principe doux des huiles*, n'est susceptible d'aucune fermentation et possède la propriété de ne point se congeler et de ne pas s'évaporer. Dissoute dans l'eau, elle en empêche la congélation.

On emploie de la glycérine de bonne qualité marquant au moins 28° à l'aéromètre et ne rougissant pas le papier bleu de tournesol, c'est-à-dire exempte de tout mélange d'acide qui pourrait attaquer le métal du compteur.

Pour opérer le mélange de la glycérine et de l'eau d'une façon intime, on fait tiédir l'eau et lorsqu'elle est arrivée à une température de 25 à 30 degrés au-dessus de zéro, on la mêle à la glycérine.

Le mélange de la glycérine doit se faire dans la proportion d'un litre environ par bec jusqu'à vingt becs ; au delà, un demi-litre par bec a toujours suffi pour empêcher la congélation de l'eau. La glycérine, qui est la partie non saponifiable de l'huile, exerce sur le mécanisme du compteur une action bienfaisante; comme elle ne s'évapore point, elle conserve le niveau de l'eau à sa hauteur rigoureusement normale ; son prix est inférieur à celui de l'alcool, et on la trouve aisément chez tous les fabricants de produits chimiques. Nous en conseillons fortement l'emploi à tous les consommateurs de gaz.

99. — Il peut encore y avoir interruption d'éclairage soit parce que le siphon est noyé par suite de l'introduction d'une trop forte quantité d'eau dans le compteur, mais, en ce cas, le remède est facile, car il n'y a qu'à enlever la vis du siphon pour en obtenir le dégorgement; soit parce qu'à la suite de la gelée, le siphon qui est en métal très-mince aura été comprimé par la glace et se sera dessoudé ou fendu, alors l'eau du compteur le remplit, et obstrue ainsi le passage du gaz; cet accident se re-connaît à la grande quantité d'eau qui sort par l'ouverture inférieure du siphon lorsqu'on en a ôté la vis; le compteur est ainsi dénivelé, la soupape est fermée, et il n'y a pas moyen d'obtenir du gaz. La seule chose à faire en ce cas est de préve-nir la Compagnie qui fait enlever le compteur, lui en fait provisoirement substituer un autre; on pro-cède alors, comme nous l'avons dit ci-dessus, dans le cas où l'eau du compteur est gelée. De plus, le siphon peut être aussi obstrué par la naphtaline qui s'y dépose souvent, lorsque le compteur se trouve dans des conditions de température, en con-tradiction avec celles de l'air ambiant. On enlève ces dépôts au moyen d'une sonde de métal que l'on introduit dans le siphon par la vis de vidange.

100.— Quelquefois il se produit des arrêts mo-mentanés ou des irrégularités dans l'éclairage.

Ces effets sont dus à plusieurs causes, telles que :

1° Tige de la soupape trop courte ;
2° Alourdissement du flotteur ;
3° Obstruction partielle du siphon ;
4° Insuffisance du compteur ;
5° Alourdissement d'une partie du volant.

101.— Lorsque la tige de la soupape est trop

courte, le passage du gaz ne s'ouvre que d'une manière incomplète et alors la soupape est sensible à
la moindre augmentation de la pression; il en résulte une inégalité désagréable dans l'éclairage, et
parfois même, si l'augmentation de la pression est
trop brusque, la soupape se fermant sous l'effort
de la pression, le passage est intercepté, et il peut
se produire une extinction.

102.— Les mêmes effets ont lieu lorsque la partie supérieure du flotteur a été alourdie par des dépôts goudronneux, ce qui n'a lieu qu'à la suite
d'un long service. Alors le flotteur ne s'élève plus
autant qu'il devrait le faire, la soupape dégage à
peine le passage du gaz tout comme si sa tige était
trop courte; elle devient alors très-sensible aux variations de pression.

Pour reconnaître l'excès de sensibilité de la soupape, il y a deux moyens faciles à pratiquer, après
s'être toutefois assuré, à la manière ordinaire, que
l'eau est, dans le compteur, à son niveau normal
et que tous les becs sont allumés comme d'habi-
tude.

Le premier moyen consiste à frapper la partie
inférieure de l'avant-corps, au-dessous du flotteur,
ce qui détermine une secousse qui agit sur la soupape trop sensible, la fait fermer et amène une extinction.

Si, par hasard, cette épreuve ne réussissait pas, le second moyen ne manquera pas son effet. Voici comment il s'opère : on ferme doucement le robinet de sûreté, jusqu'à ce que les flammes de tous les becs soient réduites à l'état de veilleuses ; cela fait, on ouvre brusquement et d'une manière complète ce même robinet de sûreté. Si la soupape a un excès de sensibilité, elle s'abaisse sous la pression causée par l'arrivée subite du gaz, intercepte le passage et produit une extinction.

Pour opérer convenablement cette épreuve, il faut choisir le moment de la soirée où la pression est la plus forte.

103.— L'engorgement partiel du siphon produit soit par un léger excès d'eau, soit par des condensations, peut amener un tremblement sensible dans la flamme du gaz. Le remède est facile ; enlever la vis du siphon suffit pour faire écouler l'eau ou les condensations, et dégager entièrement le passage.

104.— L'insuffisance du compteur amène infailliblement une insuffisance d'éclairage. Si l'on met sur un compteur un plus grand nombre de becs que celui qu'il doit alimenter, il en résultera une faiblesse qui cessera de se faire sentir au fur et à mesure que l'on éteindra quelques becs.

Les abonnés, qui sont dans ce cas, ne se rendent

généralement pas compte de cela; au commencement de la soirée, s'ils n'allument que quelques becs, ils brûlent d'une façon convenable; mais, au moment de l'éclairage général, l'éclairage devient faible, le compteur ne débitant pas assez de gaz pour l'alimentation de tous les becs allumés.

De là souvent des plaintes injustes contre la compagnie qui ne peut que mettre l'abonné en demeure de remplacer son compteur par un autre dont le calibre soit en rapport avec le nombre des becs installés.

195. — Il arrive quelquefois encore que l'éclairage soit insuffisant, bien que la capacité du compteur soit proportionnée au nombre des becs installés ; cela peut dépendre soit d'une mauvaise situation du compteur mis en contre-bas de la conduite, ce qui rend son alimentation difficile en réduisant la pression à l'arrivée, soit d'un trop grand parcours des conduites de distribution, soit d'un certain nombre de becs à alimenter en contre-bas du compteur dans des sous-sols ou des caves. L'agent ne peut en pareil cas que signaler la situation à laquelle on pourra porter remède soit en changeant le compteur de place, soit en employant un compteur d'un plus fort calibre.

106. — Lorsqu'un compteur déjà ancien est resté quelque temps sans fonctionner, les matières goudronneuses amenées par les condensations se déposent dans la partie basse du volant, s'y épaississent, et quand on veut remettre le compteur en marche, on remarque dans la hauteur des flammes, des intermittences désagréables à l'œil, et même nuisibles en ce que par moment les flammes s'allongent, fument et noircissent tout.

Ce n'est pas ce sautillement fatiguant que l'on a appelé la *danse du gaz*, et qui provient uniquement d'un engorgement dans la partie des conduites qui se trouvent en contrebas, engorgement auquel on remédie en adaptant des siphons sur tous les points bas de la conduite ; c'est une intermittence lente ; la flamme décroit peu à peu, puis tout-à-coup elle s'élève, devient rouge et fumeuse ; elle reprend bientôt sa hauteur normale pour décroître de nouveau petit à petit et reprendre subitement un excès d'élévation.

Ce phénomène est dû à ceci :

L'un des compartiments du volant étant surchargé par les matières qui s'y sont accumulées et durcies pendant le repos, le volant a perdu son équilibre, le dépôt opère alors comme un point mort sur le mouvement de rotation du volant. Quand il faut que ce point mort s'élève, la pression du gaz a peine à le soulever, l'alimentation des becs devient insuffisante et diminue jusqu'à ce que le point mort soit au plus haut de sa course. Arrivé là, il retombe de l'autre côté entraîné par son poids, force le gaz à sortir brusquement des compartiments du volant par une immersion trop prompte, alors le gaz abonde aux becs, les flammes s'allongent et fument, et les mêmes effets se reproduisent à chaque rotation du volant.

Il n'y a pas autre chose à faire que de faire nettoyer le compteur.

XI

Cas où le Gaz n'est plus mesuré par le Compteur.

107. — Si le manque de gaz est le cas le plus grave pour l'abonné, en revanche nous ne connaissons pas de situation plus anormale et plus désagréable pour une compagnie que celle qui résulte pour elle de la découverte, chez l'abonné, d'un compteur qui laisse passer le gaz sans indiquer les quantités consommées.

Livrer sa marchandise sans qu'il y ait possibilité de la reprendre ; et, pour en réclamer le prix n'avoir pour base que des probabilités ; rencontrer des discussions, peut-être un procès, là où l'on croyait n'avoir qu'à toucher son dû sur la simple présentation d'une quittance ; puis en recherchant la cause du dérangement du compteur, acquérir la triste conviction que l'abonné, que l'on croyait honnête, a succombé à un mauvais conseil ou à une tentation, et s'est déshonoré par un vol; être obligé pour en obtenir réparation d'ameuter contre lui *toute l'enragée boutique à procès du pays*, dites, n'est-ce pas, pour un directeur d'usine, pour un gérant de compagnie, la chose la plus désagréable et la plus profondément triste qui puisse lui arriver, le devoir le plus pénible qu'il soit forcé de remplir ?

Nos lecteurs nous pardonneront ces réflexions au commencement de ce chapitre, mais il est si rare, à part les effets de la vétusté, de trouver un compteur qui laisse passer le gaz non enregistré aux cadrans, sans que cette anomalie soit due pour le moins à une tentative de fraude, qu'au moment de décrire ces manœuvres déloyales, nous n'avons pu nous défendre d'un sentiment de regret pour toutes ces turpitudes humaines que nous ne saurions trop énergiquement flétrir.

108. — Il faut qu'un compteur soit bien vieux pour qu'il puisse en arriver au point de laisser passer le gaz sans le compter; il faut en effet pour cela ou que la paroi mitoyenne, entre l'avant-corps et la caisse, soit entièrement rongée par l'humidité et qu'elle tombe en morceaux pour qu'il s'établisse, entre l'avant-corps et la caisse, des jours dé communication anormale; ou que la vis sans fin de l'arbre du volant n'engrène plus la roue dentée de l'arbre vertical, ou que la vis sans fin du haut de l'arbre vertical n'engrène plus les roues dentées qui communiquent le mouvement aux aiguilles, ou que les engrenages soient usés, et que le mouvement d'horlogerie ne marche plus.

Mais ces cas se présentent bien rarement.

Donc, lorsqu'un contrôleur ou inspecteur quelconque se trouvera en présence d'un compteur qui laissera passer le gaz sans l'enregistrer, il devra commencer par regarder sur la plaque du fabricant l'âge du compteur; et, s'il porte une date déjà ancienne, il y aura lieu de penser qu'il faut attribuer son mauvais service à son grand âge; en tout cas l'abonné ne pourra que gagner à le remplacer par un compteur neuf.

Le remplacement opéré, on fera visiter le vieux compteur, et, s'il porte des traces d'autres altérations que celles du temps, on les fera légalement constater.

109. — Les compteurs qui datent de plusieurs années se conservaient moins bien que ceux que l'on fabrique aujourd'hui. Alors on employait fréquemment des tôles minces, leur qualité n'était pas toujours irréprochable; on fabriquait les roues d'engrenage du mouvement d'horlogerie en zinc, métal mou, bien moins consistant que le cuivre; les dents s'usaient vite, les engrenages n'obéissaient plus au mouvement imprimé par le volant.

Aujourd'hui la grande concurrence a fait progresser la fabrication; on recherche les matériaux de bonne qualité, les tôles épaisses bien étamées; on garnit même souvent en plomb toute la partie de la paroi mitoyenne, entre l'avant-corps et la caisse, qui se trouve au-dessus du niveau de l'eau; on n'exécute plus le mouvement d'horlogerie qu'en cuivre; les compteurs fabriqués dans ces dernières années fourniront donc, suivant toute probabilité, une carrière plus sûre et plus longue que les anciens compteurs.

Si donc le compteur signalé comme laissant passer le gaz sans le mesurer, est un instrument de fabrication récente, il y a tout lieu de croire que l'interruption de son fonctionnement est dû à quelque manœuvre coupable, ou bien encore à quelque vice de fabrication.

110 — Avant d'essayer le compteur il faut examiner son installation.

Le compteur a-t-il été plombé? le plomb est-il intact?

Si le compteur n'a pas été plombé, ou si, l'ayant

été, le plomb a été enlevé, on doit s'attendre à quelque fraude pratiquée par les tuyaux d'arrivée et de sortie.

Par le tuyau d'arrivée on peut, après avoir dévissé le raccord de rappel et détourné légèrement le branchement, avoir passé un poinçon recourbé et être parvenu avec un peu de patience à percer soit la cloison latérale mitoyenne entre la boîte de la soupape et la caisse du compteur, soit la paroi inférieure de la boîte de la soupape.

Cette manœuvre se pratique avec facilité dans les compteurs qui ont le tuyau d'arrivée du gaz placé au-dessus de l'avant-corps; elle est presque impraticable dans les compteurs qui ont ce tuyau situé par côté contre l'avant-corps, voilà pourquoi l'on doit donner la préférence à cette dernière disposition du tuyau sur l'autre.

Par le tuyau de sortie, on peut avoir percé le volant.

111. — Procédons par ordre et cherchons à reconnaître la fraude commise.

Voyons d'abord si c'est la cloison mitoyenne qui a été percée dans la chambre de la soupape.

Pour cela, après avoir réglé le niveau du compteur, fermons les vis du siphon et du régulateur, et introduisons dans l'appareil une surcharge d'eau de manière à noyer complétement le siphon.

Ce résultat obtenu, laissons écouler par le régulateur l'eau en excès, ou conservons-la dans le compteur, elle ne peut pas nuire à l'essai.

Mettons alors le gaz en charge à une faible pression d'abord, et présentons la lumière au bec le plus voisin. Si la cloison a été percée, le gaz. passant de la boîte de la soupape dans dans la caisse du compteur, se rendra directement aux becs par le tuyau de sortie, sans passer par le volant, ce que l'on reconnaîtra à l'immobilité du tambour des litres.

Le bec s'allume, la cloison est percée ; pour nous rendre compte de l'importance de la fraude, allumons un second bec, un troisième ; ouvrons tout grand le robinet d'arrivée et continuons à allumer de nouveaux becs tant que la fraude pourra en alimenter ; nous aurons ainsi la preuve et la mesure de la fraude.

112. — Si au lieu d'avoir percé la cloison mitoyenne, on a pratiqué un trou à la paroi inférieure de la chambre de la soupape auprès de l'ouverture de celle-ci, de façon à ce que la fermeture de la soupape ne nuise pas au passage du gaz, il faut agir différemment pour reconnaître la fraude. Noyons d'abord le siphon, comme nous l'avons fait tout à l'heure, et sans le dégorger, ôtons autant d'eau que possible afin de faire abaisser le niveau de manière à dégager tout ou partie de l'ouverture par laquelle le tube en U du siphon pénètre à l'avant-corps dans la caisse du compteur. Cela fait, ouvrons le robinet d'arrivée du gaz; comme la soupape est fermée, puisque le niveau de l'eau est abaissé, si le gaz passe par l'ouverture qui entoure le bras du siphon, c'est que la paroi inférieure de la chambre de la soupape aura été trouée.

Le gaz, après avoir rempli l'avant-corps, passera donc par l'ouverture susdite, et trouvera une issue entre la caisse et le volant sans avoir la peine de passer par derrière. On allumera un ou plusieurs becs pour apprécier la fraude, comme dans le cas précédent.

113. — Il peut arriver que, sans que le fond de la boîte de la soupape ait été percée, la tige de la soupape soit trop longue et maintienne celle-ci ouverte malgré l'abaissement du flotteur. En ce cas l'effet serait fortuit, et ne pourrait être attribué qu'à une coïncidence éventuelle entre un vice de construction, et un abaissement extraordinaire du niveau de l'eau, dû à un manque de nivellement ou à une fuite.

L'essai ayant démontré le fait, l'ouverture du compteur pourra seule en découvrir la cause.

114. — La fraude pratiquée par le tuyau de

sortie consiste, avons-nous dit, à percer le volant. On comprend sans peine que, lorsque le compartiment qui a été ainsi percé se présente à son tour pour recevoir le gaz, il se vide au fur et à mesure qu'il s'emplit par les trous frauduleusement pratiqués; le volant cesse alors de tourner. le mécanisme d'horlogerie s'arrête, le gaz passe sans être compté. On peut encore pour percer le volant pratiquer un trou à la caisse, au pied du tuyau de sortie, en ayant soin de boucher ce trou avec du mastic ou de la cire à modeler pour éviter l'effusion du gaz à l'extérieur. De cette manière on ne dérange pas le scellement du compteur.

Pour reconnaître la fraude il suffit de faire fonctionner le compteur sous une faible pression et d'observer la marche du tambour des litres; quand le compartiment percé est en haut, le tambour s'arrête; on augmente alors la pression en ouvrant brusquement le robinet, et comme alors les trous pratiqués ne débitent pas tout le gaz qui arrive, le tambour reprend sa marche; on diminue la pression, et quand le tambour s'arrête de nouveau, on répète le même jeu, et les mêmes effets se reproduisent parce qu'il est rare que l'on fasse de gros trous au volant. De gros trous feraient découvrir immédiatement la fraude, tandis qu'avec de petits trous, le compteur fonctionne toujours un peu; on a l'air de faire des économies tandis qu'en réalité on vole du gaz à la compagnie.

115. — Quand le compteur a été convenablement scellé et que le plomb est intact, c'est un indice que les fraudes que nous venons de décrire n'ont pas été pratiquées.

Il faut alors voir si la vitre de la boîte du mouvement d'horlogerie n'a pas été brisée ou déplacée, parce qu'on aurait pu désengrener la vis sans fin du haut de l'arbre vertical en faussant la roue ou l'axe de la roue qu'elle commande et alors le tambour des litres tournerait seul et n'imprimerait plus le mouvement aux autres rouages.

Si la vitre est intacte comme le plomb, et si les autres organes n'ont pas été altérés, il faut alors, pour découvrir le mal, faire enlever le compteur et 'ouvrir.

116. — Il doit être bien entendu que l'agent chargé de l'examen d'un compteur, quelle que soit l'anomalie dont il recherche la cause, n'opère les essais des différentes manières par nous signalées ue pour asseoir sa conviction sur le fait qu'il a à constater, et ne communique en aucune façon le résultat de ses recherches à l'abonné s'il a acquis la preuve qu'il y a fraude ou tentative de fraude de la part de celui-ci. Il en adresse immédiatement son rapport au chef de service qui doit prendre

6.

sans délai les mesures nécessaires pour constater légalement l'état du compteur et la fraude, s'il y a lieu.

117. — Lorsqu'il est nécessaire d'enlever un compteur pour quelque motif que ce soit, l'agent de la compagnie aura dû, au préalable, s'entendre avec l'abonné pour l'installation du compteur nouveau ou d'un compteur provisoire, et le compteur à enlever ne sera déplacé soit par l'agent de la compagnie, soit par l'appareilleur de l'abonné, qu'en présence des deux parties : l'abonné et l'agent, et après que celui-ci aura relevé les indications des cadrans devant l'abonné et les aura inscrites sur le livret de celui-ci et sur son carnet de service.

En aucun cas le compteur ne peut être déplacé hors de la présence de l'une ou de l'autre des parties, à moins que la constatation de la dépense n'ait été faite au préalable et qu'il n'y ait accord à ce sujet.

Dans le cas où l'agent de la compagnie ne pourrait pas être présent lors du déplacement du compteur, il devra, après avoir relevé la dépense indiquée par les aiguilles, fermer le robinet d'ordonnance pour éviter toute cause de fuite ou de consommation en dehors du compteur.

XII

Renseignements complémentaires.

118 — En dehors du compteur, il peut exister soit au branchement extérieur, soit aux plomberies intérieures un engorgement qui nuise à la régularité de l'éclairage ; l'agent, après avoir terminé la visite du compteur, doit, en démontant les robinets, rechercher le point où ces engorgements existent. S'ils se trouvent dans les plomberies intérieures, il invite l'abonné à faire venir son appareilleur ; s'ils existent dans le branchement, il consigne le fait dans son rapport.

Il procède encore au moyen du compteur à la visite de l'étanchéité des plomberies intérieures. Dans ce but, après s'être assuré que les robinets de tous les becs sont bien fermés, il laisse arriver le gaz dans le compteur en ouvrant les robinets d'arrivée et de sortie, puis il suit de l'œil le tambour des litres; si le tambour tourne, c'est un indice certain de l'existence de fuites.

Alors, suivant à la fois le mouvement du tambour, et l'aiguille d'une montre, il se rend approximativement compte de l'importance des fuites, en déterminant le nombre des litres de gaz écoulés pendant une ou un plus grand nombre de minutes.

Tout en consignant le fait sur son rapport, il avise l'abonné du résultat qu'il vient de constater, en l'invitant à y faire promptement porter remède.

119 — Le compteur est ou la propriété de l'abonné ou la propriété de la compagnie. S'il appartient à l'abonné, c'est à lui naturellement qu'incombe le soin de l'entretenir et de le faire réparer lorsque besoin est.

Toutefois la compagnie se charge volontiers de cet entretien après une visite préalable ayant pour but de constater le bon état du service du compteur.

A Paris, cet entretien est fait par la compagnie aux prix mensuels ci-après que l'on ajoute sur les quittances de gaz:

Pour un compteur de 3 becs, coût   0^{fr} 50^c.
»   5   »   0   70
»   10   »   0   90
»   20   »   1   10
»   30   »   1   20
»   40   »   1   30
»   60   »   1   40
»   80   »   1   50
»   100   »   1   60
»   150   »   1   70
»   200   »   1   80
»   300   »   1   90

Moyennant le payement de cette redevance mensuelle, l'abonné n'a point à se préoccuper de l'état de son compteur.

120 — Lorsque le compteur est la propriété de la compagnie, c'est que l'abonné a préféré louer un compteur à faire les frais de son acquisition. La compagnie alors lui a donné un compteur en location. Ce compteur porte sur l'avant-corps une bande de cuivre soudée sur laquelle on lit ces mots : PROPRIÉTÉ DE LA COMPAGNIE.

Le prix de la location d'un compteur se paye par mois en même temps que la dépense du gaz; il est porté sur la même facture.

Voici quel est, à Paris, le prix mensuel de location pour les divers calibres de compteurs :

La location d'un compteur de 3 becs, coûte 1 fr 25c.

»	5	»	1	50
»	10	»	1	75
»	20	»	2	25
»	30	»	2	75
»	40	»	3	50
»	60	»	5	»
»	80	»	6	»
»	100	»	7	»
»	150	»	9	»
»	200	»	12	»
»	300	»	16	»

121. Nous avons, au chapitre VII du présent ouvrage, reproduit le texte de l'arrêté préfectoral du 26 avril 1866 qui régit actuellement la vérification des compteurs.

Au nombre des prescriptions de cet arrêté, il en est une que nos lecteurs auront remarquée sans doute, car, pour être mise en pratique, elle devait nécessiter quelques modifications dans certains organes du compteur.

Cette prescription est celle de l'article 3 qui dit :
« Tout compteur à gaz du système humide devra
« être muni d'une garde d'eau de dix centimètres
« au moins, tant au tube d'introduction de l'eau et
« au régulateur, qu'au siphon et au manchon de
« l'arbre vertical. »

Il existait déjà une garde hydraulique au tube

d'introduction de l'eau, au régulateur et au manchon de l'arbre vertical ; pour lui donner 10 centimètres au moins il a suffi d'allonger ces organes sans y rien changer en substance, et cela n'a suscité qu'une légère augmentation des proportions de l'avant-corps.

Mais, pour le siphon, il n'avait pas de garde hydraulique et communiquait à l'extérieur par une vis nommée particulièrement vis du siphon. On a dû, pour obéir à l'article 3 sus-relaté, allonger la partie verticale du siphon et la faire plonger presque jusqu'au fond d'une petite boîte que l'on a placée sous l'avant-corps.

Cette boîte se remplit d'eau pendant l'opération du nivellement du compteur jusqu'au niveau d'une ouverture munie d'une vis de trop plein placée au haut de ladite boîte.

C'est à ce modèle de compteur que s'applique particulièrement la seconde instruction de nivellement reproduite dans le chapitre VII.

FIN.

TABLE DES MATIÈRES

PAR ORDRE ALPHABÉTIQUE

(Les chiffres placés à la suite de chaque article n'indiquent pas la pagination; ils se rapportent aux numéros d'ordre placés en tête des alinéas principaux).

TABLETTES

DU

DIRECTEUR D'USINE A GAZ

Sous ce titre nous publions une série d'ouvrages relatifs à l'exploitation des usines à gaz.

EN VENTE

CONTROLE PRATIQUE DE LA QUALITÉ DU GAZ, pouvoir éclairant, épuration. — Ouvrage indispensable aux municipalités et aux inspecteurs de l'éclairage public; un volume in-18 avec planche. 3 fr.

RECUEIL DE JURISPRUDENCE relative aux rapports qui existent entre les Compagnies de gaz et leurs abonnés; ce recueil contient plus de 150 jugements et arrêts des diverses cours et tribunaux de France; 1 volume in-18. 18 fr.

LÉGISLATION SPÉCIALE, contenant toutes les lois, y compris les plus récentes, relatives aux établissements insalubres, aux usines à gaz, aux machines à vapeur, aux dépôts d'hydrocarbures, et aux municipalités; un volume in-18. 4 fr.

DU COMPTEUR A GAZ pour le service des abonnés. Description, vérification, inspection; 1 volume in-18 avec planches. 3 fr. 50

QUESTIONS ADMINISTRATIVES en matière d'éclairage soumises au conseil d'État et résolues par lui, 1 volume in-18. 18 fr.

MANUFACTURE D'APPAREILS A GAZ

PH. GOELZER

Breveté S. G. D. G.

Membre de la Société d'encouragement, de l'Académie nationale
manufacturière, et de l'institut polytechnique

Appareils à gaz de tous genres, Lustres, Bras, Girandoles, Genouillères, Lyres, Lampes.

Immense choix de modèles de tous les styles, ornementation de luxe pour églises, théâtres, cercles, concerts, cafés, etc.

Illuminations officielles et de fantaisies, Armoiries, Chiffres, Devises, Guirlandes, Globes de couleur, etc.

Appareils pour les expériences, Flambeaux à gaz, Flambeaux-bougie, Robinets, Manomètres, Pinces.

Accessoires, Raccords, Patères, Robinets de tous calibres, Porte-becs, Globes, Verrines, Fumivores, Réflecteurs, Colonnes, Suspensions hydrauliques.

Tiges à pompe, tiges télescopiques appliquées à tous appareils, système Goelzer et Fessard.

Lanternes de ville et de fantaisie, Candélabres, Consoles, Robinets à bascules, Croisillons, Chandelles.

Becs à gaz de tous genres et de toutes formes. Appareils de chauffage, domestiques et industriels.

182, rue Lafayette, 182.

On trouve aussi au bureau du journal *Le Gaz*, les objets
suivants :

Photomètres à ombres unicolores, adoptés par la ma-
jeure partie des Municipalités de France pour le contrôle de la quantité du gaz. Prix : 30 francs ; emballage
en sus.

Papiers réactifs, acétate de plomb et tournesol pour la
vérification de l'épuration du gaz. Prix : petits cahiers,
50 c., grands cahiers, 2 francs.

Guide de l'abonné au gaz d'éclairage et de chauffage ;
ouvrage élémentaire et fort instructif. Prix : 1 fr. 50.

Étalon légal, commentaire sur l'instruction pratique de
MM. Dumas et Regnault. Prix : 1 fr.

Brevets pris dans l'industrie du Gaz, de 1791 à 1844.
1 volume in-8o. Prix : 5 fr.

Texte du traité pour l'éclairage et le chauffage par le
gaz dans la ville de Paris. 1 fr.

Projet-modèle d'acte d'amodiation d'usine à gaz, 1 fr.

F. Aureau et Cie. — Imp. de Lagny.

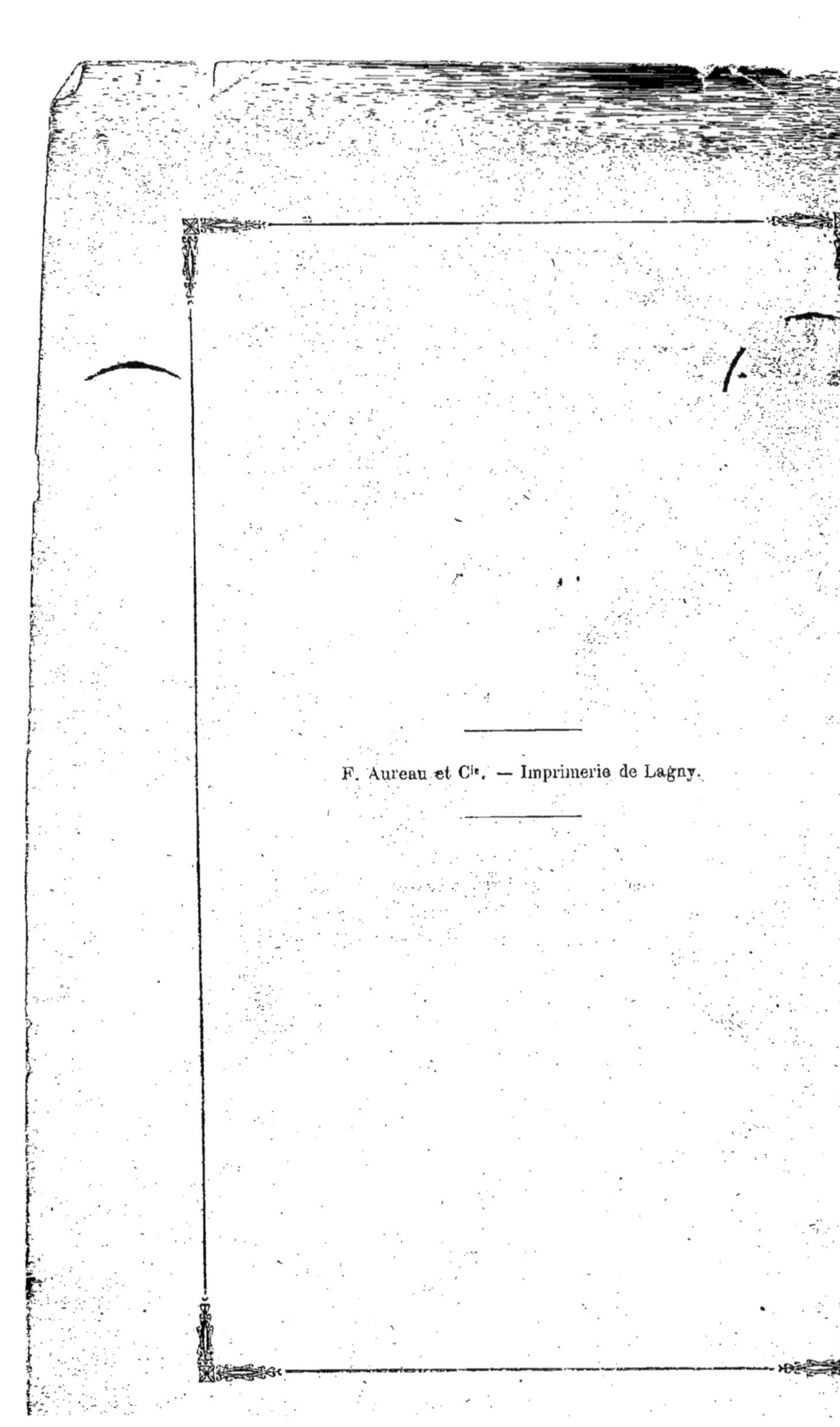

F. Aureau et Cⁱᵉ. — Imprimerie de Lagny.

www.ingramcontent.com/pod-product-compliance
Ingram Content Group UK Ltd.
Pitfield, Milton Keynes, MK11 3LW, UK
UKHW022345090726
13658UKWH00001B/482